2030年
アパレルの
未来

日本企業が
半分になる日

ローランド・ベルガー パートナー
福田稔
FUKUDA MINORU

東洋経済新報社

はじめに

▼いま「アパレル消費」はどうなっているか

いま、私たちはどんなところで服を買っているだろうか。

多くの若者はパルコなどの駅ビルやららぽーとなどのショッピングモールに入るテナントショップで服を買う。

また、スマートフォン経由でもさまざまな服を買う。

スマートフォンには多くのアプリがダウンロードされており、アプリ経由でZOZOTOWNなどのEC（買い物ができるウェブサイト）にとんで新品を購入する一方、メルカリでは中古品を安く購入することを楽しむ。

新品の高級ブランド品を少しでも安く購入したい消費者は、バイマなどの越境ECサイトを通じて、手軽に個人で輸入することもできる。

バブルのころのように、誰もがデパートで高級ブランドの洋服を買い漁るという時代は完全に終わりを告げた。百貨店やスーパーなどの売場にこれまでの勢いは感じられず、起死回生とばかりに、百貨店にユニクロやニトリが参入する時代だ。

ご存じのとおり、**現在アパレル市場で絶大な勢力をもっているのは、安価で流行を押さえたファストファッション**だ。老いも若きもGUやZARAなどのファストファッションに慣れ親しみ、安価なアイテムをいかに着回すかという時代が続いている。

「若者のファッション離れ」などという言葉からもわかるように、できれば服にお金をかけたくないという層も増えている。

▼「服が売れない」は本当なのか——アパレル業界で、何が起こっているのか

2018年10月、最新の国内衣料品消費の市場規模が、繊研新聞社から発表された。公表値によれば、**2017年国内衣料品の市場規模は9兆7500億円となり、前年比1・1%ながら微増**となった。

この微増という結果に、違和感を覚える人も多いのではないだろうか。

昨今、アパレル業界を取り巻く論調は厳しく、「若者のファッション離れ」や「服が売

れない」といった悲観的な言葉がメディアを賑わしているからだ。

実情を見ると、百貨店アパレルを中心とした中間価格帯（たとえばシャツやニットで1万円〜3万円程度）の低迷が、過度に報道されている感は否めない。

たしかに国内アパレル企業の多くがいくつもの店舗を閉鎖しているが、多くの場合、収益性の低い店舗を閉鎖し、成長するECに注力したことで、利益は増加傾向にある。

また、若者の間では、**新しいスタイルのアパレル消費**も生まれている。

たとえば**「ワンショット消費」**だ。

「ワンショット消費」というのは、購入した服やアイテムを着用して「インスタグラム」などのSNSに写真を投稿し、その後はメルカリなどですぐに売ってしまうという新しい消費スタイルのことである。

また、多くの若者が熱狂するようなヒットも起こっている。

2017年の**ルイ・ヴィトンとシュプリームのコラボレーション**はその典型といえるだろう。高額商品にもかかわらず、南青山の期間限定ショップに徹夜組の行列ができた。

最近では、**「ZOZOSUIT」が巻き起こした社会現象**も記憶に新しい。

全身のサイズ計測が可能な「ZOZOSUIT」はテレビや雑誌でも話題となり、SNSに「ZOZOSUIT」の着用画像を投稿する人も多くあらわれた。いまやZOZOの前澤社長は、誰もがその名を知る有名人である。

加えて、**外国人観光客によるインバウンド需要も、依然として旺盛**である。

社会現象となったZOZOSUIT
（写真提供：ZOZO）

都内の無印良品やユニクロの店舗では、化粧品や衣類を爆買いしている観光客をよく見かける。安価で品質がよく、外国でもブランドイメージが浸透しているためか、中国をはじめとするアジア圏の若者にとって、ユニクロや無印良品は憧れのブランドのひとつとなっているのだ。

このように、ファッションに対する熱が、市場からなくなってしまったわけではない。**服は売れているところでは売れている**のだ。

ではいったい、アパレル業界では、何が起こっているのだろうか。

▼「勝ち組アパレル」と「負け組アパレル」に広がる格差

いまアパレル業界の内部で起こっているのは、かつてないほどのスピードで進行する**「①市場の構造変化」**と**「②勝ち組企業の世代交代」**である。

❶市場の構造変化

「市場の構造変化」とは、これまで**国内アパレル企業の主戦場だった「中間価格帯市場」が減少する反面、ＥＣが成長したり、メルカリなどの二次流通市場が拡大**するといったトレンドのことである。

その背景には、「消費者の価値観変化」と「消費行動のデジタル化」という消費者起点の変化が急速に進んでいることがある。

❷勝ち組企業の世代交代

そうした構造変化の結果、アパレル業界で起こっているのが「勝ち組企業の世代交代」だ。

たとえば、中間価格帯を主戦場としていた百貨店アパレルや、イオンやイトーヨーカドーなどのＧＭＳ（General Merchandise Store：総合スーパー）で売られている量販店アパレルからは、消費者の価値観が変化する中で客足が遠のいている。

その一方で、変化を「機会」としてとらえた企業もある。

いち早くＥＣに取り組んだ「ＺＯＺＯ」や、多様化する価値観を広くあまねくとらえた「ＺＡＲＡ」などのファストファッションはその代表例といえる。

問題は、**変化を「機会」としてとらえた勝ち組企業の中に、昔ながらの国内アパレル企業が少ない**ことだ。勝ち組企業の多くを、外部からの新規参入者や外資系ブランドが占めている。

多くの旧来型の国内アパレル企業は、変化を「機会」ではなく「脅威」と受け止めた。

その結果、これらの企業は苦境に陥ってしまっているのだ。

▼閉鎖環境がもたらした業界の課題は？

なぜ国内アパレル企業の多くが、「変化」にうまく対応できないのだろうか。

その理由は、**業界の閉鎖性**にある。

少し長くなるが、ファッションビジネスの特性から説明したい。

ファッション業界は長らく**「売り手と買い手の情報格差」**を梃子《てこ》にビジネスを展開してきた。

たとえばファッションショー。

一部のメディアやセレブリティしか参加できないファッションショーは、人々のブランドに対する憧れを生んだ。限られた人間しか入れないコミュニティは、業界のイメージと情報の非対称性を高め、憧れをより強いものとした。

日本では、いわゆる業界人が雑誌・メディアと組んで仕掛け人となり、コレクション情報からトレンドをつくり出して消費させるというビジネスを確立し、繁栄してきた。

つまり、**ファッションビジネスはこれまで、「売り手と買い手の情報格差」が有利に働くビジネス**だったのである。そのため業界が閉鎖的であることは理にかなっており、日本だけでなく、海外でもその構造は同じだった。

しかし、閉鎖性のデメリットとして**「最新のビジネス事情にうとくなる」「他業界から優秀な人材が入ってきにくい」**といったマイナス面もあった。

たとえば、衣服のレンタルのようなシェアリングエコノミーは、アパレル業界ではここ最近、ようやく注目されはじめたコンセプトだが、自動車業界では、カーシェアは10年以上も前から注目され、すでにサービス展開されている。決して新しいコンセプトではない。

人材についても、経営から現場まで、外部から優秀な人材が流入することは少ない。

世間でよく耳にするプロ経営者（良し悪しはあるが）も、彼らを招き入れられるような経営基盤が整っている国内アパレルは稀である。ビジネススクールから学生を採用する欧米のアパレル企業とは対照的に、人への投資に積極的な国内アパレルは少なく、社内からグローバル人材も育ちにくい。

このような**閉鎖的な環境によって、国内アパレル業界は他業界に比べ大きく後れをとってしまった**のだ。

▼アパレル業界が抱える「闇」

国内アパレル業界を見渡しても、**世界で事業展開できている企業は、ファーストリテイリングや良品計画などごくわずか**である。**多くは依然として国内市場に頼っている。**

しかも、頼みの国内市場は、バブルのころの15兆円規模から3分の2以下にまで減少している。

にもかかわらず、国内アパレルのビジネスモデルはほとんど進化していない。

3ヵ月から半年先の売れ筋を読んで見込み生産し、当たり外れを繰り返す。しかも、多品種小ロット化が進み、供給点数は増え続けている。

結果として、市場は常に供給過剰となり、年中セールが開催されている。**行き場を失った商品は中古業者に引き取られ、一部は焼却処分までされている。**

このような業界全体が抱える「闇」は、最近では社会課題としてマスコミにも取り上げられており、関連する記事やニュースを目にした読者も少なくないはずだ。

▼日本のアパレル業界に未来はあるか

このように、日本のアパレル業界には課題が多い。

しかしながら、**「日本のアパレル業界に未来はないのか」と聞かれれば、私は間違いなく「ある」と答えたい**。その理由は大きく3つある。

❶人間が服を着なくなることはない

まずひとつめの理由は、**人間には服が必要**だからだ。

人間は社会的・文化的な動物であり、その肉体があるかぎり、基本的に服への需要はなくならない。

衣服は生活必需品であるのみならず、自己表現の手段でもある。所属しているコミュニティ、階級、職業などに属するための欲求や、冠婚葬祭などのイベントによってもオケージョン需要が生まれる。

地球上の人口が増え、経済成長が続くかぎり、市場は必然的に生まれ、成長する。デジタルカメラの登場によってフィルムは消滅したが、デジタル化によってアパレルの需要がなくなることはない。

世界的に見れば、アパレルは普遍的な商材であり、かつ成長産業である。

「衣・食・住」という言葉があるように、アパレルは人間がいるかぎり、基本的に存続する市場なのだ。

❷日本は文化的に成熟している

2つめの理由は、**日本の文化的な成熟度**である。

アパレル産業が文化産業であるかぎり、**日本という文化的に豊かで成熟した背景をもつ私たち日本人は、強みを有している**ともいえる。

デザイナーを刺激する**豊かな芸術文化や伝統技能**に加えて、**戦前戦後の繊維産業の発展が生んだ豊かな生産背景**も存在する。

このような独自性のある文化や生産背景を擁している国は、国外でもフランスやイタリアなど、一部にかぎられている。日本もそのポテンシャルを最大限発揮すれば、まだまだ発展の余地はある。

❸テクノロジーが「チャンス」をもたらす

最後の3つめの理由は、**現在、テクノロジーがアパレル業界を大きく変えようとしてお**

り、さまざまな「機会」をもたらしているからだ。

たとえば、デジタル化によってアパレルビジネスへの参入障壁は、昔と比べ格段に低くなった。アパレルのさまざまな機能を支えるプラットフォーマー（企画・生産・販売・広告など）の登場により、才能のあるデザイナーによる新しいブランドが活躍しやすい環境になっている。

販売では「ZOZOTOWN」や「ファーフェッチ」のようなECプラットフォームがある。マーケティングや広告では「インスタグラム」などのSNSがある。

これらを使えば、立ち上げたばかりのブランドが直接、消費者とつながり、ビジネスを行うことが可能である。**才能のあるデザイナーやクリエイターにとって、いまほどビジネスを立ち上げやすい時代はかつてなかった**といえる。

▼2030年、アパレルの未来を予測する

このようにアパレル業界は、産業そのものがダイナミックに生まれ変わろうとしている。

その中で、**少しでも多くの国内アパレル企業が変化の波を「機会」ととらえ、再成長を遂げる糧となる**よう、本書では次のとおり全体の構成をまとめた。

第1章では、**世界のアパレル産業の現状**について説明している。世界と日本の対比から国内市場が置かれている状況を分析し、2030年に向け今後国内市場で起こりうることをマクロな視点から見つめ直した。

第2章では、**テクノロジーが業界に与える本質的変化**についてまとめている。現在の勝ち組アパレル企業は、ファッションテック企業にかぎらず、テクノロジーを有効活用して成長を遂げている。そこで、テクノロジーは本質的にアパレルの「何を」「どのように」変えるのか、10の本質的変化に分けて説明する。

第3章では、**AIがアパレル業界をどう変えるのか**について解説している。第2章で触れたテクノロジーがもたらす本質的変化の中で、話題のAIについて取り上げ、深掘りを行う。

第4章では、**グローバルの最新事例を紹介**している。テクノロジーや新しいビジネスモデルの登場により、グローバルで見てもアパレル業界は大きな変革期にある。

第5章では、一歩目線をあげて、本書のテーマである**2030年の消費社会はどのようになるのか**、その中でアパレル業界はどのように変わっていくのかを、アメリカの事例も見ながら予測した。

最後に、第6章では、**今後の国内アパレル企業の方向性**、**成長戦略**について検討を進めた。価格帯別にさまざまな角度から日本のアパレルの可能性を検討し、生産背景や教育システムの改革の必要性まで含め考察している。次の**10年間を勝ち残るために**、**川上から川**

下まで何をすべきなのか、幅広く提言をまとめた。

現在アパレル業界に関わる人、これからアパレル業界に参入しようとする人が、ポジティブな未来を描けるよう、本書は未来志向で筆を進めたつもりだ。

ひとりでも多くの業界関係者に手にとってもらえれば本望である。

2030年アパレルの未来　日本企業が半分になる日　**目次**

第3章 AI（人工知能）はアパレル産業をどう変えるか

第5章 2030年の消費市場は、どうなっているのか

第6章 結局、今後の10年間で、国内アパレル産業はどう変化し、いま何をすべきなのか

第1章

まずは「アパレル不況」を正しく理解する

——「成長する世界」と「停滞する日本」の真実

▼「アパレル不況」は本当なのか

日本では「アパレル不況」が叫ばれて久しい。

大手アパレルの店舗・ブランド削減、百貨店アパレルの苦戦など、ネガティブなニュースが相次いでいる。現在アパレル業界に関わっている人、アパレル業界を目指す人にとっては、非常に暗い話題ばかりだ。

しかしその一方で、**アパレル市場を「ビジネスチャンス」ととらえ、積極投資をしている企業**もある。

たとえば**「アマゾン」は、アパレルの分野でプライベートブランドを拡大**している。日本には未参入だが、アメリカでは、すでに衣料品分野で60以上のプライベートブランドを所有している。下着やドレス、シャツ、スポーツウェア、子ども服など、ターゲットのニーズや年齢層、価格帯に合わせてブランドを展開し、急速に業績を伸ばしている。

国内でも、作業服などの専門店として知られる**「ワークマン」が、一般消費者向けのカジュアルウェアに進出**した。高機能かつ低価格、デザイン性の高い防寒アウターなどが人気で、大学生や主婦など、これまで作業服とは縁がなかった人にも人気を博している。

市場では革新的な変化が起きているというのに、各種メディアでは「アパレル不況」や「服が売れない」といった悲観的なコピーが飛び交い続けている。少子高齢化などによる国内市場の縮小を考えれば、メディアが喧伝するコピーに納得する人も多いだろう。

しかし、**表面的な言葉に踊らされると、「物事の本質」を見誤ってしまう。**

▼国内アパレルが成長できない理由

たとえば、自動車業界を見てみてほしい。

人口減少と若者の車離れが進んだ結果、新車の国内販売台数はピーク時の3分の2になる500万台を割り込んでいる。

また自動車業界は、オリックスやタイムズによるカーシェアのような**シェアリングエコノミーの台頭**や、自動運転などの**デジタル化による変革**にもさらされている。

にもかかわらず、トヨタ、ホンダなどの日本のメーカーは90年代以来、基本的に増収を続けてきた。少子高齢化が進む中でも「自動車不況」などと叫ばれたりはしない。

国内市場が厳しい中、自動車メーカーはなぜ増収できたのか。

いうまでもなく**「グローバル展開」を進めてきた**からである。

国内市場がいずれ頭打ちになることは、10年以上前から予見されていた。だからこそ、**世の中のBtoC事業者の多くが、成長機会のある海外市場を目指してきた。**

その一方で、国内アパレル業界は、どうだったか。

サカイのハイテク素材をミックスした作品
（写真提供：サカイ）

旧態依然としたまま国内市場にしがみつき、その結果、**グローバル化が最も遅れた業界になってしまった。**

アパレル企業の海外進出については、ファーストリテイリング（ユニクロ）、良品計画（無印良品）、サカイ（ｓａｃａｉ）といった成功例が出てきてはいるものの、多くの国内アパレル企業がうまくいっていない。

これこそ、**業界が解決すべき「本質的な課題」のひとつ**なのである。

▼成長のチャンスは日本以外の場所にある

ここで、**「アパレル産業の将来性」**について説明しておこう。

グローバルで見れば、アパレル産業は依然として成長産業である。

最新の予測では、グローバルのアパレル市場は、２０１７年から２０２２年まで約５％

の年平均成長率（物価変動を加味した名目ベースの値）を有している。年平均5％の成長は、5年間で市場が約28％成長することを意味する。

これを実額で見ると、**2015年に約143兆円だった市場は、2022年に約195兆円**にまで拡大する（図表1-1）。

わかりやすくいうと、**日本の国家予算の約半分という規模感の市場が、グローバルでは生まれている**のだ。

さらに、2010年から2015年までの5年間の成長率が約4％だったことを加味すると、市場の成長スピードは若干ではあるが加速しているともいえる。

この背景にあるのは、**「人口の増加」**や**「新興国における中間層拡大」**に加えて、**「グローバルSPA（製造から小売まですべて自社で行うビジネスモデル）によるファッションの浸透」**や**「富裕層の拡大」**などである。

とくに伸びが大きい市場は、**南米や中東・アフリカ、続いてアジア**だ。

先進国である北米や西欧でも、それぞれ約3・4％、約2・6％の成長が見込まれている。構造的に継続的なマイナス成長が見込まれる日本とは対照的だ。

グローバルで見ると、アパレル市場にはいまだ成長の余地があり、実際にグローバル展開に成功している企業は、その恩恵にあずかっているともいえる。

図表1-1　世界のアパレル市場推移

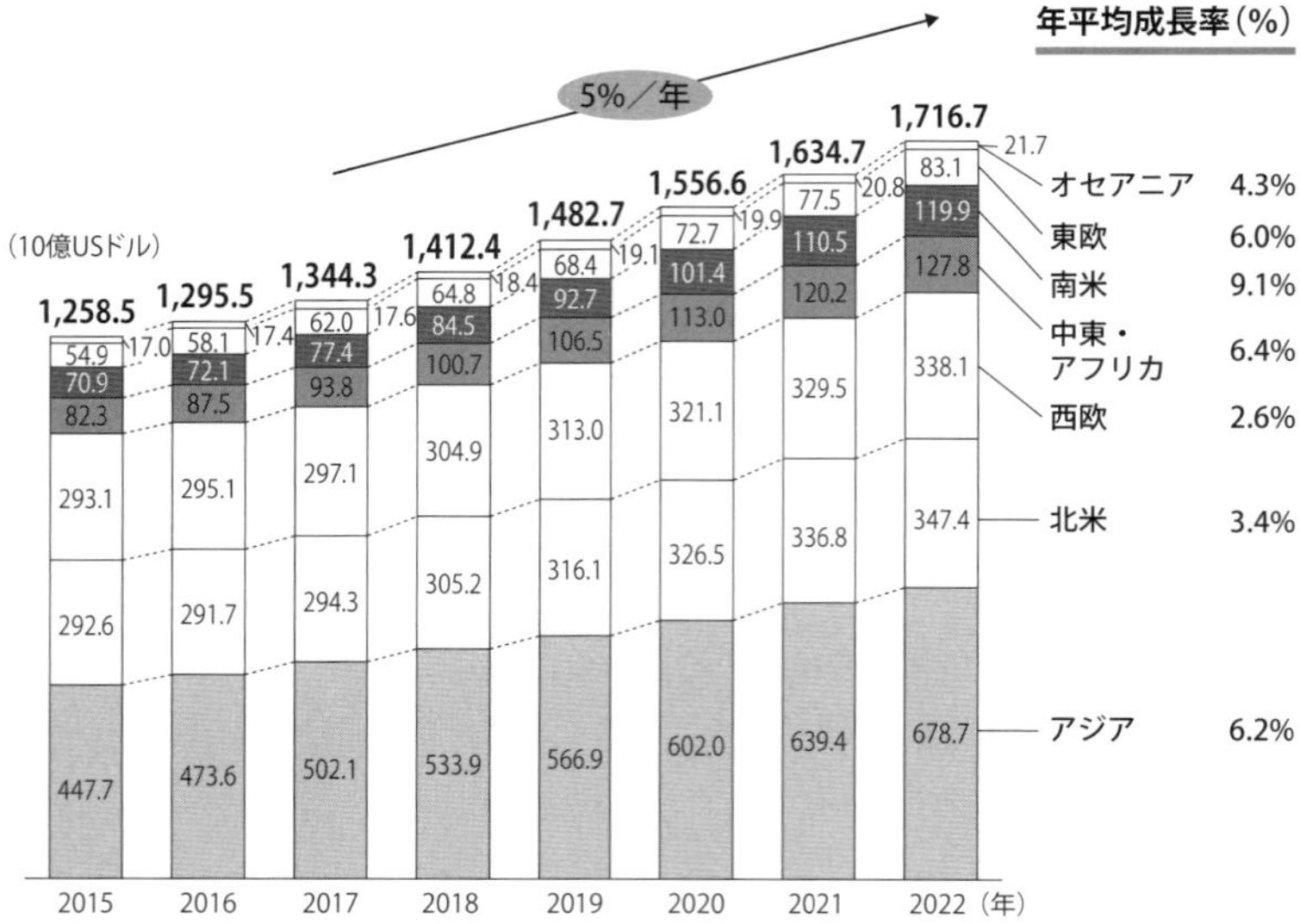

出所：ユーロモニター社のデータをもとにローランド・ベルガー作成

▼「アメリカ・中国」は世界最大の市場

世界的な成長産業ともいえるアパレルにおいて、とくに注目すべき市場はどこだろうか。筆者がひときわ注目すべきと考えるのは、**アメリカと中国**である。市場規模はアメリカが約32兆円、中国が約28兆円で、**両国を合わせると世界市場の約40%**を占めている。

また、今後の成長率予測も2022年まで北米が約3・4%、中国が約4・2%と、**大きいだけでなく成長余地も残っている**。

成長余地の背景には、**ファッションに対する旺盛な消費性向**がある。

アメリカ、中国ともに人口の伸びはそれぞれ1%未満と微増レベルだが、図表1-2を見ればわかるように、両国ともに一世帯あたりのアパレル消費は、過去10年間一貫して伸びている。

ただしアメリカと中国では、構造が若干異なるので、簡単に説明しておきたい。

❶富裕層が拡大する「アメリカ」

アメリカの場合、ファストファッションの普及と所得の二極化により、マスボリューム市場は伸びたが、中間価格帯の市場は拡大しなかった。

図表1-2　主要国の一世帯あたりのアパレル支出推移

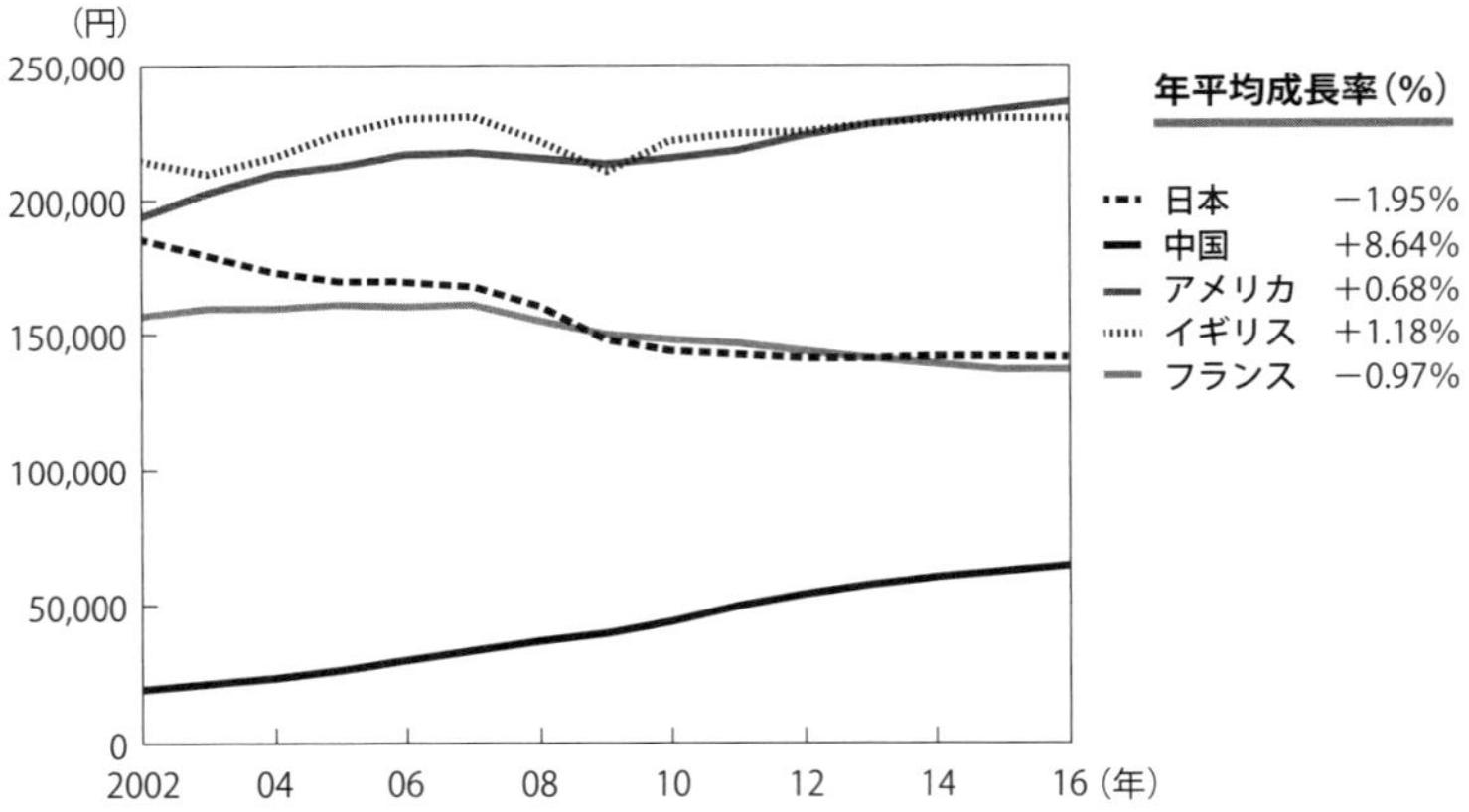

2016年固定レートにて換算（1JPY = 0.009USD、 = 0.008EUR、 = 0.007GBP、 = 0.061CNY）。
出所：ユーロモニター社のデータをもとにローランド・ベルガー作成

他方、経済成長は、富裕層や高所得者層に大きな恩恵をもたらし、**「ラグジュアリー市場」および「アクセシブルラグジュアリー市場」の成長を牽引**した。

「アクセシブルラグジュアリー」というのは、文字通り「手の届くぜいたく」という意味で、ルイ・ヴィトンやエルメスなどのラグジュアリーブランドと一般的なブランドの間に位置するブランドを指す。具体的なブランドでは、コーチ、トリーバーチ、フルラなどだ。

これらの市場を買い支えているのが、マーケティング用語で**「HENRY」**と呼ばれる層である。

「HENRY」は、もともと『フォーチュン誌』が2003年に名づけた言葉で、「High Earners Not Rich Yet」の略である。高収入だがまだ資産は少なく、富裕層ではないというグループで、俗にいう**フローリッチ（高所得者層）**のことを指す。

このグループは、**上昇志向がもたらす旺盛な消費意欲**によって、これまでアメリカの「ラグジュアリー」および「アクセシブルラグジュアリー」を買い支え、市場の成長を支えてきた。

ただし**最近では、「HENRY」も世代交代が進んでいる**。

ミレニアル世代（2000年以降に成人した世代）がその中心となったことで、購買行動に変化が起きており、本物志向が進んで「手頃なアクセシブルラグジュアリー」よりも「ハイエンドのラグジュアリー」を好むようになっているのだ。

その一方で、グッチのバッグをノーブランドのTシャツに合わせるなど、ファストファッションやストリートブランドとコーディネイトして、自分らしく着こなす人も増えている。

このように、**アメリカでは過去10年間、富裕層や高所得者層の拡大が、アパレル市場全体の成長の主要因**になっている。

❷中間層の所得が増加する「中国」

同じ成長市場でも、中国はアメリカとは様相が異なる。

中国の場合は、**富裕層の拡大に加えて、中間層の所得増加も、大きな成長のドライバー**になっている。

とくに過去10年間は、感受性豊かな80年代生まれ、90年代生まれの中国人が所得を大きく伸ばし、消費の中心となったことで、アパレル消費も拡大してきた。

34ページで紹介した図表1-2は主要国のアパレルに対する世帯消費の推移を比較したものだが、過去10年間、中国が驚異的に伸びてきたことがよくわかる。

また最近では、ファストファッションに対する反発も起こっている。

過度な大量消費への反省から、**「高くてもいいものを買って長く使う」というトレンド**が生まれている。その結果、成長市場が、これまでのマスボリューム市場からアッパーミドル市場へシフトしている。

このように、アメリカや中国をはじめとして人口の伸びが限定的な先進国においては、アパレル市場の成長は「世帯あたりの消費」によって大きな差が生まれる。その背景には富裕層や中間層の懐具合、すなわち**各国の経済状況が大きく影響を与えている**のだ。

グローバリゼーションにともない、富裕層が拡大しているアメリカ、イギリス、中国のような国々では、富裕層が消費を牽引し、成長を続けている。

一方で、**フランスや日本のように国全体が低成長にあえいでいる先進国では、ファストファッション浸透による購入単価下落の影響が大きく、市場全体の押し下げへとつながっている。**

▼世界の常識でははかれない「日本のアパレル市場」

ここからは、日本市場について、もう少し深掘りしていきたい。

日本は先進国の中でも、ひときわアパレル支出の減少が目立っている。

その背景には、何があるのか。

それは、**「①フォロアー層の減少」と「②少子高齢化」という2つの日本固有の問題**である。

❶フォロアー層の減少

アパレル市場を価格帯別に「ラグジュアリー市場」「トレンド市場」「マスボリューム市場」の3つに分けると、**日本は海外と比較して、中間価格帯の「トレンド市場」が非常に大きいという特徴がある。**

その背景にあるのは、**「フォロアー層」と呼ばれる、自らの価値観が希薄で世の中のトレンドに流されやすい中間層**の存在である。**日本のファッションビジネスは、これまでこの「フォロアー層」に対するマーケティングで成り立ってきた**といっても過言ではない。

その中身は、百貨店、ショッピングセンターといった「フォロアー層」が集まる商業施設への出店と、雑誌・メディアと一体となったプロモーションだった。

トレンドは雑誌やメディアがつくるもので、ファッション雑誌を見れば、同じようなコーディネイトがあふれる。

結果、「フォロアー層」はこぞって雑誌やテレビに登場するようなアイテムを買い求め、メディアが主導するトレンドに沿ったファッションを消費する、といった状況が続いた。

ところがいま、この**「フォロアー層」に分裂が生じている。**

詳細は後述するが、現在「フォロアー層」がさまざまなグループに分かれはじめている。

トレンドに流され、受動的にファッションを消費する人々はどんどん減っており、従来型のファッションマーケティングが通用しなくなっているのだ。

じつは、この「フォロアー層」の分裂は、グローバルで見ると自然なことだ。海外ではすでに存在している普遍的な消費者セグメントが、日本国内にも出現してきているだけという言い方もできる（図表1―3）。

「フォロアー層」は、戦後の高度経済成長と人口ピラミッドの偏りが生んだ、日本固有の巨大なマスマーケットだった。国内アパレル企業のみならず、百貨店などの小売・流通業の多くが頼ってきた市場である。

この市場が消費者の変化にともない大きく変容していること、結果、グローバルから見ると特異であった**日本の巨大なトレンド市場が崩れてきている**こと。

それが、国内アパレル市場減速の大きな原因になっている。

❷少子高齢化

もうひとつ、市場規模にボディーブローのように効いてくるのが**「少子高齢化」**だ。

アパレルの支出と年齢には明確な相関関係があり、**男性も女性も支出額は50歳前後でピークを迎え、70歳を超えると大きく減少する。**

現在、第1次ベビーブームに生まれた団塊世代が70代に突入しており、日本は先進国の中でも、過去に例を見ない高齢化が進みつつある。

図表1-3　消費者のクラスターの変化

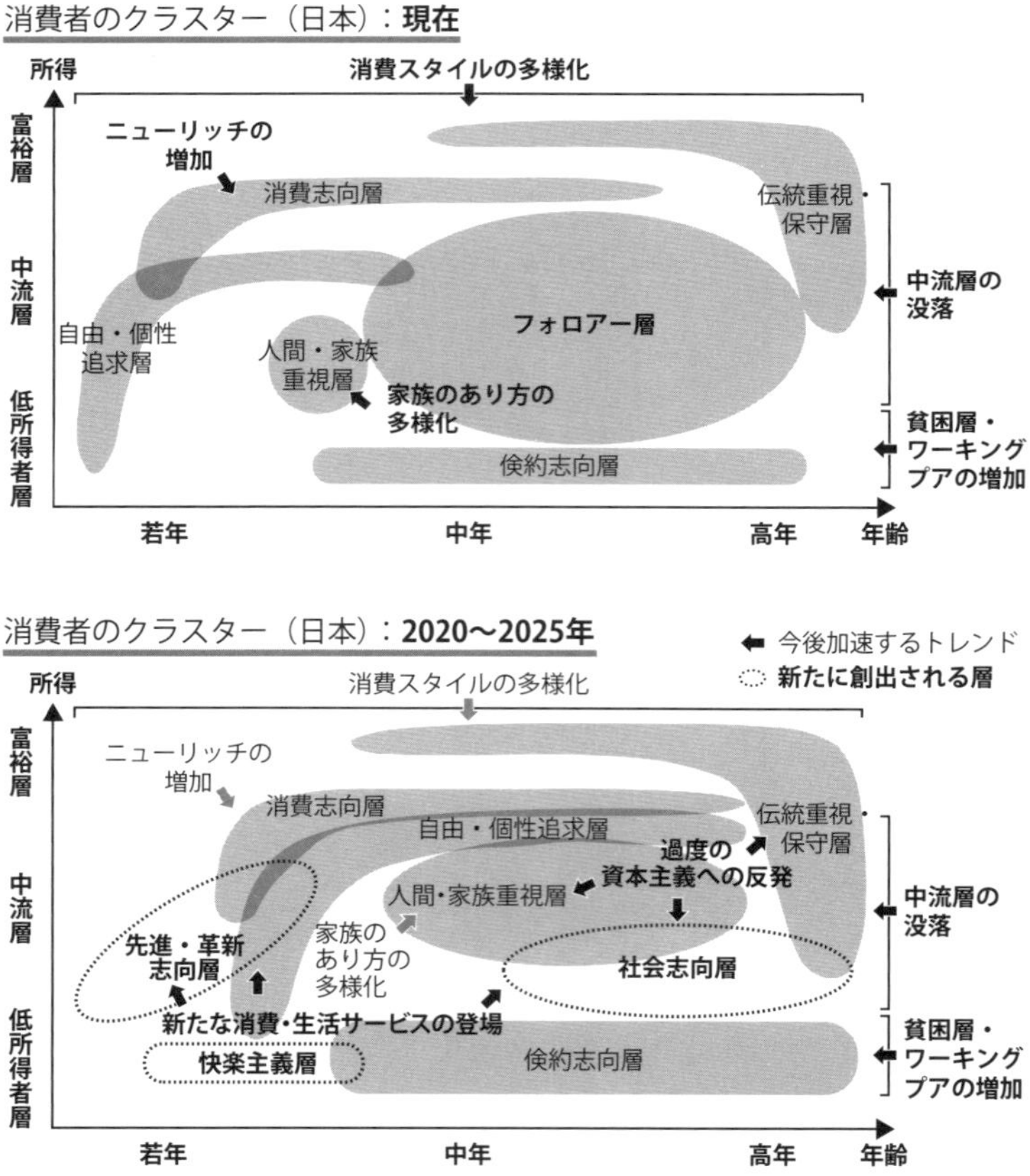

出所：各種資料をもとにローランド・ベルガー作成

このような社会全体の加齢にともない、アパレル支出全体も減少し、世帯あたりの支出落ち込みの大きさの一因になっている。

ここで気になるのは**「日本の世帯あたりのアパレル支出の減少、ひいては国内市場の減少は果たして下げ止まるのか？」**ということである。

各国のアパレル消費の動きを比べると、日本は経済成長率の近しいフランスと近似しており、最近は減少度合いが落ち着いてきているように見える。

しかしながら、**日本とフランスには決定的な違い**がある。

それは、**高齢化の度合い**だ。

２０１６年時点で65歳以上の高齢者の割合は、日本は27・３％であるのに対し、フランスは19・５％である。しかも、日本は少子高齢化対策が機能せず、いまだに出生率は約１・４％だが、少子化対策がうまくいったフランスの出生率は２・０％を上回っている。

この出生率の差は、たんなる数値以上の意味をもつ。

なぜなら、**ファッションは、いつの時代でも若い世代が一定の活力になる**からだ。日本は社会全体が老いていくが、フランスは若さを保っている。

このままでは、市場規模の減少だけでなく、高齢化によって若い世代の元気がそがれ、結果的に日本のファッションの活力がますます落ちていくという「負のスパイラル」が発生しかねない。

▼働き盛り・稼ぎ盛り世代を当てにできない理由

それでは、本書のタイトルにもなっている、２０３０年のアパレル市場はどうなっていくのだろうか。

本書の結論を少し先取りするようだが、ここで概要だけ述べておきたい。

国立社会保障・人口問題研究所の推計によれば、２０１０年に約1億２８００万人だった日本の人口は、２０３０年には約９００万人減少し、１億１９００万人ほどになると見込まれている（出生中位・死亡中位の場合／２０１７年1月推計）。

そして、じつに**人口の3分の1近くが、65歳以上の高齢者**になる。

ちなみに人口推移は、未来を考えるときに最も現実と予測の乖離が小さい事象のひとつで、将来を考えるうえで前提とすべき数値である。

ポジティブな要素をあげるなら、**現在、45歳前後の第2次ベビーブーマーの団塊ジュニアが、２０２１年以降、アパレル消費が最も大きくなる50代に突入し、２０３０年過ぎまで一定の市場を形成する**ことがある。

実際、最近国内のアパレル消費が下げ止まりつつあるのも、**団塊ジュニア周辺の比較的ボリュームがある世代が、働き盛りで消費の中心となっている**ことが大きい。

しかしながら、アパレル業界だけでなく国全体に関わる大きな社会問題がある。

それは、**2024年に団塊世代が全員75歳以上の後期高齢者となり、社会保障費が大きく膨らむと同時に、介護問題が現役世代に重くのしかかる**ことだ。

増税により現役世代の可処分所得はますます減るだろうし、共働きで世帯収入を維持していた家庭で介護離職を余儀なくされるケースが増えるだろう。

また、少子高齢化対策として期待が大きいロボットの活用は、アパレル消費そのものには寄与しない（アンドロイド型のＡＩロボットが普及して、ロボットが服を着るようになれば別だが）。

こう考えると、**残念ながら、日本では、世帯あたりのアパレル消費額の下落を止めることはできない**だろう。

むしろ団塊世代が75歳を越えはじめる２０２２年あたりから、さらに消費額の下落が顕著になる可能性が高い。世帯あたりの支出額でフランスに後れをとり、中国に抜かれることは避けられない。

つまり、**現在のアパレル業界は、インバウンド需要と世代交代の端境《はざかい》による一時的な安定期であり、決してこの状態が続くわけではない**のだ。

▼服の値段はどんどん安くなっていく

これまで、国内アパレル業界を取り巻く問題点として**「①フォロアー層の減少」**と**「②少子高齢化」**の2つについて説明してきた。

それに加え、市場の縮小につながるもうひとつの要因として**「③単価の下落」**がある。

過去10年間を振り返ると、**ファストファッションの浸透にともない、衣服の「単価」は下がり続けてきた。**

ファストファッションの浸透は一巡した感があるが、2030年までを見通すと、**アパレルの支出を抑制し「単価」を下落させる要因が、さらに4つある。**

❶高い新品よりも中古品のほうがコスパがいい

「単価」の下落を招く第一の要因は、**「リユース市場の拡大」**である。

メルカリなどによるC to C市場の拡大にともない、リユース市場は大きく拡大し、すでに数千億円の市場を形成している。

経済産業省の統計によれば、C to Cのフリマアプリ市場の規模は、2017年で4835億円となり、前年の3052億円から約60%の成長となった。

メルカリで売ることを前提にして、アパレルを購入する若者も増えている。

新品のアイテムを手に入れたら、鮮度が落ちないうちにメルカリで購入価格よりも安く売る。売り手には購入費用の一部が還元され、買い手は最新アイテムを安く手に入れられるため、双方にメリットがある。

これを繰り返せば、ひとつの商品が消費者の間で二巡、三巡することになる。**高い新品よりも、手頃な中古のほうがコスパがいい**というわけだ。こういったCtoCの勢いは、当面続くはずである。

こうした消費者の価値観変化を見れば、**アパレルのCtoCがさらに伸びることは明白**であり、**新品アパレル支出の減少は、より顕著になっていく**だろう。

❷より安いアイテムを探せるECサイト

2つめの要因として、EC化率の上昇にともなう**「価格低減効果」**がある。**価格が高いネット通販が進展すればするほど、衣料品の購入単価に低減圧力がかかる**という事実は、消費者としての感覚をもってしても納得がいく。

たとえば、ZOZOTOWNのようなECで衣服を購入する際、欲しいアイテムがあるが、とくにブランドを決めていない場合、あなたならどうするだろうか?

おそらく、アイテム名や条件で検索して、一覧表示される類似商品を価格やブランドなど複数の軸で比較検討するだろう。そして、同じような条件のアイテムが5000円と1万円で見つかれば、前者を購入する人も多いはずだ。

価格が購入の一定の決め手となり、多くの人はより安価な商品を選ぶようになる。

❸大きく変わったオフィスでの服装

「単価」の下落を招く第三の要因は、**「カジュアル化の進展」**である。

近年ではクールビズだけでなく、Tシャツやジーンズ、スニーカーなど、**オフィスでもラフなスタイルを推奨する会社**が増えている。

このようなカジュアル化の流れは、スーツやネクタイ、OLキャリアファッションなどの従来型の仕事服市場を侵食し続けている。

もちろん、カジュアル化にともないスニーカーやジャケパンなど、新たな需要が生まれてもいる。しかし、**ひとりあたりの支出額で比べると、従来型の仕事着よりも低下傾向にあることは否めない。**

この流れは、元をたどると、いわゆる**「ビジネスエリート」のイメージやスタイルが、GAFA（グーグル・アマゾン・フェイスブック・アップルの略）の登場により、大きく影響を受けている**ことにある。

GAFAの仕事着、スタイルは、スーツ・ネクタイに代表される伝統的なビジネスエリートの服装と違って、カジュアルで自由度が高い。

たとえば、アップルの創設者であるスティーブ・ジョブズは、黒のタートルネックシャツ、ジーンズ、スニーカーというスタイルを貫いた。フェイスブックのマーク・ザッカーバーグはシンプルなグレーのTシャツがトレードマークだ。

彼らのような**シンプルな服装やライフスタイルは「ノームコア」と呼ばれ、アパレルなどに費やす手間や費用を省くことが、ひとつのスタイル**となっている。

❹消費欲が落ちる将来の懸念事項

「単価」の下落を招く4つめの要因は、**「家計圧迫にともなう支出減少」**である。

2025年までを見通すと、残念ながら、消費を抑制する社会イベントが目白押しである。

- 2019年　消費税の増税
- 2021年　団塊ジュニア世代が50代突入
- 2024年　団塊世代の後期高齢化
- 2025年　社会保障費増加にともなう各種増税、年金受給開始年齢引き上げ予定

これらのイベントは、間違いなく消費欲を低下させるだろう。

また、いつ起こるかはわからないが、甚大な影響が予想される南海トラフや首都圏直下型の地震、そして大雨洪水などの自然災害も控えている。

こうした消費者の家計を圧迫するイベントが予想される中で、**消費欲が高まることを期**

待することはできない。

とくにアパレルのような嗜好性が高い消費財については、支出が低下していくだろう。

▼2030年、アパレル市場はピーク時の半分以下に

2030年までを見通してみると、高齢化や人口減少に加え、アパレル支出・単価を抑制するさまざまな要因が存在することがわかる。

では、そのインパクトは、どの程度のものか。

アパレル市場全体への影響を**「客数」**と**「単価」**に分けて考えてみたい。

仮に「単価」（ひとりあたりのアパレル支出）を一定とし、65歳以下の人口減少と同じ約1％の減少を年率の「客数」減とする。

すると、**現在9・2兆円の市場は10年間で約1兆円減少し、2030年には約8・2兆円**というゆるやかな減少となる。

さらに人口減だけでなく、**アパレル支出額が毎年1％減少となる場合は、約7・1兆円となり、毎年2％下落した場合は約6・2兆円まで縮小**する。

筆者の考えでは、**年1％程度のアパレル支出減少は最低限の前提**となる。**2030年には、国内市場は7兆円を割り込む**ことも十分にありえるだろう。

バブルのピーク時に約15兆円あった市場は25年を経て3分の2となり、いま9兆円を割り込もうとしている。

次の10年は、これまでとは減少の理由・構造が異なるため、減少スピードはさらに加速する可能性もある。

▼「インバウンド特需」「越境ECの拡大」に期待できるのか

では厳しい状況が続くであろう国内アパレル市場において、ポジティブ要因はないのか。

現在のところ、2030年に向けたポジティブな市場拡大の要因としては**「①インバウンド特需」**と**「②越境ECの拡大」**の2つがあげられる。

❶インバウンド特需

現在のアパレル市場規模9・2兆円の中には、**約3000億円の「インバウンド需要」**がすでに含まれている。

政府の方針のもと訪日外国人は伸び続けており、今後も大いに成長が期待できるだろう。

訪日外国人の数は年々増加の一途をたどっており、2018年は3119万人と前年比8・7%の伸びとなった。伸び率は2012年以降はじめて10%を下回ったものの、依然として高い成長率を示している。

なかでも、国別でトップの中国人は838万人で、韓国、台湾、香港を加えた東アジア4市場で約2287万人と全体の約7割を占める。

観光庁によると、**訪日外国人におけるアパレル購入率は全体の37・2%であり、ひとりあたりの支出額は2万8233円**である。

足元では3000億円弱の「アパレルインバウンド市場」が生まれており、今後、旅行者の増加に合わせて、さらなる成長も期待できるだろう。

ただし、この数値には外資系ブランドの売上げもかなり含まれている。

インバウンドで人気のブランドは、大きく分けるとユニクロや無印良品といった海外ですでに人気のマスブランド、外資系ラグジュアリーブランド、一部の国内デザイナーズブランドである。

国内で苦しんでいる多くの中間価格帯ブランドにとって、インバウンドはまだ開拓しきれていない市場だ。

❷越境ECの拡大

こうしたインバウンド市場の拡大は**「越境ECの拡大」**という好循環も生んでいる。

「越境EC」というのは、インターネット通販サイトを通じた国際的な商取引のことだ。

簡単にいえば、海外のECサイトでモノを購入し、個人輸入するという消費行動のことである。

２０１７年、中国の日本からの「越境ＥＣ」の購入額は前年比25・２％増の１兆２９７８億円であり、アメリカの日本からの購入額は前年比15・８％増の７１２８億円となった。

中国とアメリカの2カ国だけで、約2兆円の「越境EC」市場が生まれている。

外国人観光客が訪日時に知ったり買ったりした商品を気に入り、母国に帰ったあとも「越境ＥＣ」で購入し続けるという好循環が形成されていることがわかる。

しかも、最大の市場である中国は、２０００万人弱といわれる一般人のソーシャルバイヤーが個人輸入と転売をすることで市場の成長を後押ししてきた。

２０１９年の法改正によりソーシャルバイヤーの活動はやや下火となったが、そもそもの**日本製商品の「越境EC」に対するニーズは依然として高い。**

現在のところ「越境ＥＣ」の商材としては、化粧品・医薬品・トイレタリー分野が多いものの、アパレルも確実に増えている。

実際、中国で知名度のある日本のデザイナーズブランドでは、中国人によるインバウンド売上げが爆発的に伸びており、「越境ＥＣ」での購入も増えていると聞く。

もちろん今後、中国政府の動向や関税協定など注視すべき要因はあるが、「越境ＥＣ」の環境整備がまだ発展途上なこと、訪日外国人そのものの伸びしろが大きいことを考えれば、**中長期的に見て、インバウンドおよび「越境EC」は魅力的な成長市場**といえるだろう。

▼国内アパレル企業がいま取り組むべきことは何か

ここまで見てきたように、「インバウンド特需」や「越境ＥＣ」を除いた、国内の岩盤としてのアパレル需要は、中長期的には非常に厳しい状況にある。

一定規模の売上げがある企業であれば、成長余地の大きい海外に目を向けたほうがいいのは自明である。**「インバウンド、越境ＥＣ、そして海外出店」を組み合わせながら、グローバル市場を獲得していくことに大きな成長機会がある。**

加えて、**現在はテクノロジーの進化にともない、アパレル業界を取り巻く環境に変化が生じ、グローバルでさまざまな機会と脅威**が生まれている。

そこで第2章からは、テクノロジーを活用して世界に挑戦しようとしている日本企業を紹介しつつ、アパレル業界で進むデジタル化について詳しく見ていきたい。

◆グローバルで見るとアパレルは成長産業。２０２２年まで市場は年平均５％の成長余力があり、市場規模は約１９５兆円に達する。

◆世界でひときわ存在感の大きい市場は「アメリカ」と「中国」。市場規模はアメリカが約32兆円、中国が約28兆円となっており、さらなる成長余力がある。

◆日本は「①フォロアー層の減少」「②少子高齢化」という独自の問題に加え、２０３０年に向けた「③単価の下落」によって、市場は縮小していく。国内アパレル市場は、２０３０年には7兆円を割り込む可能性も十分にある。

◆国内市場のアップサイドとして「①インバウンド特需」と「②越境ＥＣの拡大」が存在する。インバウンド市場はすでに約３０００億円の市場を形成しており、今後のさらなる成長に期待がかかる。

第2章

アパレル業界で進む、デジタル化がもたらす10の本質的変化

▼テクノロジーがおよぼすインパクト

第1章で見てきたように、国内アパレル市場はいま、大きな転換期を迎えている。「フォロアー層」の減少や少子高齢化にともない、日本人の衣服需要は減少トレンドが色濃くなりつつある。

こうした構造変化が起こると、市場の中にいるプレーヤーは変化への対応を迫られ、一部で混乱が起こりやすくなる。

いま、その混乱に拍車をかけているのが、**テクノロジーの進化にともなうデジタル化の波**である。

「AI（人工知能）」「IoT（モノのインターネット）」「ロボット」「GAFA」などデジタル関連のキーワードは昨今、毎日のようにメディアで取り上げられている。

デジタル化の波はアパレル業界にも押し寄せており、衣服の企画・生産から物流、マーケティング、販売まで、すべてのバリューチェーン（価値連鎖）に影響をおよぼしている。

しかし、残念ながら、こうしたデジタル化の波を「機会」ととらえ、活用できているアパレル企業はごくわずかだ。多くのアパレル企業はデジタル化の波についていけず、対応に苦慮している。

最近では**「AI」**や**「サブスクリプション（サービスや商品の利用期間に応じて料金を支払**

うビジネスモデル）」というような用語が流行し、いわゆるバズワード化している。

しかし、これらを実際にビジネスに利用し、成功できているというケースは稀で、企画会議やプレゼンの場でこれらのキーワードをもっともらしく並べ、表面的に追いかけるだけという現象も見られる。

では、**デジタル化は「本質的」にアパレル業界を、どう変えるのか。**

第2章では、テクノロジーが業界に対して本質的にもたらすインパクトを説明しよう。結論を先取りすれば、それは次の10の本質的変化である。

①2割の「能動的な消費者」はインフルエンサー化、プロシューマー化する
②8割の「受動的な消費者」にはレコメンデーション機能の影響力が増す
③お気に入りのブランドを「直販サイト」で購入する「D to C」ビジネスモデルが増える
④「売り手と買い手の情報格差」がなくなり、業界人の地位と仕事が奪われる
⑤「無駄な在庫」を抱えるリスクがなくなる
⑥「ただ着るだけの衣服」から進化する
⑦服づくりのデザインプロセスもデジタル化する
⑧人がいない工場や店舗が出現する
⑨「マス・カスタマイゼーション」で、「受注生産」と「大量生産」の両立が可能になる
⑩人事業務の高度化と効率化が実現する

早速、ひとつずつ見ていきたい。

本質的変化 1

2割の「能動的な消費者」はインフルエンサー化、プロシューマー化する

▼「インスタグラム」がもたらしたもの

アパレルにおける消費者の購買行動は**「選ぶ」**と**「買う」**に大別できるが、テクノロジーはその双方に大きな影響を与えている。

まず、**「選ぶ」**から見てみよう。

そもそも消費者は**「能動的な消費者」**と**「受動的な消費者」**に大きく分けられる。

「能動的な消費者」は全体の約2割を占める、ファッションに関心が高い消費者だ。

残りの**約8割を占める「受動的な消費者」は、ファッションに対する関心がほとんどない、あるいはまったくなく、衣服の選択においてサポートが必要な消費者**をいう。

アパレルにおける「能動的な消費者」は、雑誌やSNSなどからさまざまな情報を得てトライ&エラーを繰り返し、ファッションのスキルを高めていく消費者である。

彼ら彼女らはファッションセンスを自ら磨けるため、**デジタル化にともなって、受発信するファッションの情報量が飛躍的に増えている。**

その結果、一部の消費者は多くの人に影響を与える**「インフルエンサー（影響力の大きい人物）」**や**「プロシューマー（生産活動を行う消費者）」**と呼ばれるまでに進化し、いまや彼ら彼女らが、かつての編集者やスタイリストの役割を担っている。

たとえば「インスタグラム」では、フォロアーが数十万人というファッショニスタが次々誕生し、流行を牽引するだけでなく、商品プロデュースなどでも活躍している。

ひと昔前はファッション誌が流行の発信源だったが、いまの若者たちは「インスタグラム」などのSNSで、消費者からリアルなファッションの情報を得ている。

本質的変化2

8割の「受動的な消費者」にはレコメンデーション機能の影響力が増す

▼どうやって服を選んでいいかわからない「受動的な消費者」

一方、残り8割の「受動的な消費者」の「選ぶ」行動は、どう変化するのか。

もともと、**彼らの服選びに大きな影響を与えていたものは、トレンドと販売員**だった。

しかし価値観が多様化したいま、トレンドは小粒化し、その影響力を下げている。

また、トレンドを伝える強力なメディアであった雑誌も、SNSやインターネットの台頭によって大きな影響力をもたなくなった。

結果として、昔のバブルファッションや渋カジブームのように、**世の大部分の人を巻き込むような大きなファッショントレンドは、生まれにくい環境**になっている。

その反面、**販売員は、いまだに一定の影響力をもっている。**

ファッションにさほど関心が高いわけではないが、**販売員との昔からの付き合いで毎年服を買い続けているという消費者は、団塊ジュニア以上の世代で意外なほど多い。**

ただし、若い世代では、ECでの購買が当たり前となったことなどで販売員の影響力は低下している。

いまは一定程度ある販売員の影響力も、中長期的にはダウントレンドにあるだろう。

▼合理的な「選ぶ」が可能になる

つまり、デジタル化が進展することによって、「受動的な消費者」は、トレンドや販売員に盲目的に従うというこれまでの服選びをしなくなりつつある。

その一方で、**人々の服選びをサポートする新しいタイプのサービス**が、テクノロジーの進化とともに生まれ、「受動的な消費者」にも利用されはじめている。

たとえば、**チャットボットを活用したEC上での購入サポートや、レンタルやサブスクリプション型EC（定期購買）における似合う服の「レコメンデーション」**は、その典型だ。

「レコメンデーション」とは、ユーザーにとって価値があると思われる商品や情報を、パーソナライズして提示することを指す。

たとえばECサイト上や広告欄などに、顧客が購入したアイテムやお気に入りに入れたアイテム、閲覧履歴や年齢などのデータから好みに合うと分析されたアイテムが表示される。このレコメンデーションにより、消費者側も無数にある商品をチェックする時間が節約できるため、合理的な「選ぶ」が可能になる。

ネット上のレコメンデーション広告が典型例だが、**大量のデータを活用する「レコメンデーション」は、テクノロジーと極めて相性がいい分野**である。

このような新しいタイプの「レコメンデーション」で、とくに「受動的な若い世代」に支持されている事例が、次に紹介する「エアークローゼット」である。

ミニ事例

衣服のレンタルサービスの国内先駆け「エアークローゼット」

アパレルにおいて新しい「レコメンデーション」を手がけたサービスとしては、日本で衣服のレンタルをいち早くはじめた「エアークローゼット」が有名である。

同社のレンタルサービスには、月1回3着まで借りられるライトプラン（6800円／月）と、借り放題のレギュラープラン（9800円／月）がある。現在のところユーザーの多くがレギュラープランを選んでおり、多忙な働く女性を中心に支持を集めている。

同社の強みは、**ユーザーのタイプや好みを分析し、複数のブランドからユーザーに寄り添った質の高いパーソナルスタイリングを提供できる**ことだ。

ユーザーの趣向分析にテクノロジーを活用し、データをもとにプロのスタイリストがアイテムを選んで提案するというシステムである。

テクノロジーを活用して提供される衣服
（写真提供：エアークローゼット）

同社のサービスでは、**レンタルして気に入った服は、そのまま購入もできる。レンタルから購入という新しい服の選び方が、若い女性を中心に普及しつつある。**

テクノロジーを活用したこのサービスシステムは、特許も取得している。

その中心価値をなすのが「パーソナルスタイリング」というレコメンデーションである。

会員数は２０１８年10月時点で16万人を突破し、日本最大級のファッションレンタルサービスになっている。

ちなみに最近、一部のブランドで「エアークローゼット」を真似た衣服のレンタルサービスをはじめる動きが目立つが、これは同社のビジネスモデルの価値を理解していない、表面的な追随のように見えてならない。

なぜなら**ユーザーにとっての同社の最大の価値は、レンタルのようなサブスクリプションではなく「レコメンデーション」**だからだ。ユーザーを満足させ、体験をより高めるには、取り扱うブランドを増やしていくことが求められる。

限られたブランドでレコメンデーションを行っても、スタイリングや提案の幅は広がらず、サプライズも少ない。そもそも、ひとつのブランドで満足できるなら、ユーザーはわざわざレンタルせず購入するだろう。

いずれにせよ、**「レコメンデーション」はこれからの消費者の服選びを支える重要な価値**であり、これをどのようなサービスや手段で実現するかが勝負の鍵となる。

本質的変化3

お気に入りのブランドを「直販サイト」で購入する「D to C」ビジネスモデルが増える

▼お気に入りブランドの「直販サイト」から購入

消費行動の「買う」についても、多様化が進んでいる。

10年ほど前まで、市場のほとんどは新品購入だった。

しかしながら、テクノロジーによるＣtoＣサービスの普及により、中古品の流通量は飛躍的に伸びている。

従来、中古品といえば、古着店やリサイクルショップという「ＢtoＣ」のサービスだったが、いまやフリマアプリの「メルカリ」などによって「ＣtoＣ」が中古売買の主流となっている。

なかでも新古品の流通額が伸びており、**「一度ＳＮＳで画像投稿した服は売ってしまいたい」「中古価格が下がらないうちに売りたい」**という消費者心理が背景にある。

また、新品購入においても、ＥＣの浸透にともない、**「ＤtoＣ」（Ｄ２Ｃとも表記される）と呼ばれるビジネスモデル**が注目を浴びつつある。

「ＤtoＣ」とは「Direct-to-Consumer」の略で、**自社企画の商品を自社のＥＣサイトを通じて消費者へ直販するビジネスモデル**だ。

この「ＤtoＣ」は、一般的なアパレルのネット販売と何が違うのか。

それは、**「ＤtoＣブランド」は、基本的に自社のＥＣサイトでしかネット販売をしない**ことにある。ブランドの規模にもよるが、基本的にＺＯＺＯＴＯＷＮや楽天のようなモール型のＥＣでの販売には消極的だ。

コアなファンをつくり、自社ＥＣから直接買ってもらう、これがＤtoＣの基本コンセプトだ。

多くの消費者が見ている、ZOZOや楽天などの巨大なプラットフォームを使わない代わりに、こうしたブランドは、デジタルマーケティングに力をいれる。

たとえば、「インスタグラム」を使って、商品のイメージ画像やライブ動画を毎日配信したり、インフルエンサーを使ってSNS上で口コミを誘発したりする。

またデジタルだけでなく、これにリアルでのイベントを組み合わせて、ブランドの世界観を伝える。

その結果、コアなファンとなった消費者は、直販サイトでしか売られていないニッチな商品を喜んで購入するようになるのだ。

▼リアルにはない「D to C」の魅力とは

ビジネスモデルとして見ると、**リアル店舗への投資が少なく、自社ECでの直販なので収益性が高い**という特徴がある。とくに、モール型ECやショッピングセンターなどへの出店手数料が発生しないのが、「D to C」の利点だ。

パーバーズなど数々のブランドに出資をして、ビジネスの面からブランドの海外進出を支えるIMCF社の吉武正道代表は、次のように話す。

『DtoC』の魅力のひとつは、クイックに小規模ではじめられて収益性が高いこと。店舗などへの初期投資が大きかったこれまでのブランド運営と異なり、初期投資を抑えたスタートが可能だ。早期にファンを獲得できれば、初年度から黒字化も狙える」

「DtoC」は基本的にニッチなビジネスとなりやすく、グローバル展開を前提にしないと売上げを大きく拡大しにくいという面もあるが、多様化した価値観がデジタルに結びつくという世の中の流れに沿っているため、今後も増加していくだろう。

先ほど紹介した「エアークローゼット」のようなレンタルを活用した「レコメンデーション」が広まる一方で、お気に入りのブランドについては「DtoC」、すなわちウェブ直販で購入する。

このように、**人々の衣服の「選び方」「買い方」は、この10年間で大きく変容し多様化しはじめている。**

そして、この変化は現在、過渡期にあり、前述した8割の「受動的な消費者」の買い方は、まだ定まっていない。

今後のアパレル業界で勝ち残るためのひとつのポイントは、この**新しい服の選び方、レコメンデーションや買い方のスタンダードをいかにつくるか、そして制するか**にあるだろう。

そして、それを実現する「手段」として重要となるのが、

・消費者との接点となるスマホアプリの完成度
・レコメンデーションにおけるAIの効果的な活用
・サブスクリプション（定期購買）化による継続性の維持

などである。

昨今流行りのアプリ、AI、サブスクリプションといったキーワードはすべて「手段」であり、それ自体が目的ではない。テクノロジーの活用においては、常に目的が何かを見失ってはならない。

消費者間で影響を与え合うコミュニティをつくり、新しいレコメンデーションや服選びのあり方を追求している代表例として「ZOZOテクノロジーズ」を取り上げたい。

ミニ事例

「WEAR」と「ZOZO」を結ぶ「ZOZOテクノロジーズ」

「WEAR」は、誰でも参加できるファッションコーディネイトサイトである。投稿されたコーディネイト写真を見て、各アイテムのブランドをチェックしたり、好みのユーザーをフォローしたりすることができる。同じ服を購入することも可能

700万件以上のコーディネイトが掲載される
（写真提供：ZOZOテクノロジーズ）

だ。10万人以上のフォロアーをもつユーザーは「WEARISTA（ウェアリスタ）」と認定され、インフルエンサーとして活躍することもできる。

「WEAR」ではまさに、**2割の「能動的な消費者」が、残り8割の「選び方」「買い方」に影響を与える新しいエコシステム**が成り立っている。

「WEAR」は、1000万ダウンロード、700万件以上のコーディネイト投稿数を誇り、日本では「インスタグラム」と双璧をなすファッションSNSに成長した。

運営する「ZOZOテクノロジーズ」は、ZOZOグループの技術・デザインなどの開発・制作業務全般を担い、「ZOZOTOWN」「WEAR」の開発・運用や、新規技術の研究開発を行っている。

同社は研究部門として「ZOZOリサーチ」を運営しており、ミッションである**「ファッションを数値化する」**研究を日々進めている。

代表取締役CINOの金山裕樹氏は、ファッションとテクノロジーの融合について、次のように語る。

「**ファッションを数値化すれば、人々の服の選び方を変えられる**。じつは多くの消費者が自分自身のコーディネイトに自信がない。ファッションとテクノロジーが融合することで、服を着るという体験そのものを飛躍的に高めることができる。

たとえばビジネスのプレゼンの日に着るジャケットを決めるとき、『こちらのジャケットのほうが15%ほど適応率が高く、プレゼンが成功しやすくなる』といったことをAIがフィードバックできるようになる。これがファッションの数値化で実現されることです」

本質的変化4

「売り手と買い手の情報格差」がなくなり、業界人の地位と仕事が奪われる

▼流行の仕掛人は「業界人」から「優れた個人」へ

「はじめに」でも述べたように、ファッション業界は長らく**「売り手と買い手の情報格差」**を梃子に成長してきた。

一部のメディア、セレブリティしか参加できないファッションショーやパーティ、シーズンを大幅に先取りするコレクション・展示会スケジュール、クローズドな人間関係……。これらの仕掛けは**「業界と消費者の間の情報格差」**を生み出し、人々の憧れを強めていた。

また日本では、いわゆる「業界人」がファッション雑誌やメディアと組んで流行の仕掛け人となり、コレクション情報から毎年トレンドをつくり出して消費させるビジネスを確立し、四半世紀にわたり繁栄してきた。

つまり、**「売り手と買い手の情報格差」を前提に、人々の欲望を煽り、消費につなげるビジネスモデルだった**といえる。

しかしながら現在、**テクノロジーが、この「情報格差」をさまざまな形で解消している。**インターネットによる瞬時の情報検索・共有・拡散によって、買い手の情報量は飛躍的に増した。結果として、「インスタグラム」をはじめとするSNSの浸透が、**流行の仕掛け人や編集者としての地位を「業界人」から「優れた個人」へと変化**させようとしている。以前のように、**「売り手から買い手への一方向のトレンド伝達」ではなくなっている**のだ。

小さなトレンドが売り手からも買い手からも同時多発的に起こり、双方向に伝達されていく、複雑な世界になっている。

▼誰もが簡単に最新情報を手に入れられる時代

デザイナー自らがこの「情報格差」の終焉を示唆する、象徴的な出来事があった。

2017年9月にニューヨークで行われた2018年春夏の「アレキサンダー ワン」のコレクションで、メディア向けの公式ランウェイショーの前に、ストリートで一般人向けにゲリラ的なショーが行われたのだ。

なぜ「アレキサンダー ワン」は、**メディアよりも一般人を優先した**のだろうか?

たんなる話題づくりではなく、これには「アレキサンダー ワン」の鋭いメッセージを感じる。

すなわち、**「伝統的なメディアを通じたコミュニケーション」よりも、「一般人との直接のコミュニケーション」による即時性、拡散性を重要視しているということである。売り手と買い手が直接、コミュニケーションを行い、関係性を育む。**テクノロジーが可能にしたこのインパクトは大きい。

この直接のコミュニケーションを可能としたテクノロジーとして、やはりＳＮＳの存在は欠かせないだろう。

ファッションに関わりが深いＳＮＳといえば、グローバルでは「インスタグラム」と「ポリヴォア」が有名だが、両者のこれまでをミニ事例としてまとめておきたい。

ミニ事例

ファッションＳＮＳの栄枯盛衰「ポリヴォア」から「インスタグラム」へ

２００７年にサービスを開始した**「ポリヴォア」**は、世界中のファッショニスタに使われていた世界最大級のファッションＳＮＳサービスだった。一時期は毎月２０００万人が訪れるサイトに成長していた。

ユーザーはサイト上で多数のアイテム画像から好みのものを選択し、「セット」と呼ばれるコーディネイトページを公開する。好みのセットを公開するユーザーをフォローしたり、気になるアイテムをリンク先のＥＣで買うこともできる。

まさに、**誰でもファッション編集者になれるコミュニティプラットフォーム**だった。

一時期は世界最大級のファッションコミュニティサイトに成長した「ポリヴォア」だが、2015年にアメリカヤフーに買収されたあたりから変調を来す。競合サービスの台頭や機能拡張・アプリ対応の遅れによって、ユーザー数が伸び悩むようになったのだ。

対応に苦慮したヤフーは、2018年にカナダのファッションECサイト「SSENSE」に「ポリヴォア」を売却。「SSENSE」は、最終的に「ポリヴォア」のサービスを引き継がず、サイトとアプリを閉鎖してしまった。

一方、「ポリヴォア」に代わって瞬く間にファッションSNSのスタンダードとなったのが**「インスタグラム」**だ。

インスタグラムのリリースは2010年で、「ポリヴォア」よりも3年遅い。

インスタグラムは当初より**ファッションに特化せず、画像メインの汎用的なSNSを目指していた**。この差はアプリケーションの設計思想にあらわれている。ファッション特化型の「ポリヴォア」は、静止画のみ、かつPCユーザーをベースに設計されていた。それに対し、「インスタグラム」は当初より**スマホユーザーをベースに設計され、静止画だけでなく動画も扱える**ようにしていた。

両者の差は、スマートフォンのカメラ性能向上や、「インスタグラム」によるストーリーズ（撮影した動画や写真をスライドショーにして24時間だけ表示させておく機能）やライブ動画配信機能の提供開始により、決定的となる。

「インスタグラム」はユーザーとテクノロジーの変化に寄り添ったことで、人々のライフスタイルを取り巻くコミュニケーションプラットフォームへと進化し、いまや世界で10億人以上のユーザーを抱えるＳＮＳに成長した。

そこに投稿されるのはファッション、食、旅行、アート、音楽、スポーツから、ユーザーの日常まで、人間のライフスタイルそのものだ。

「ファッション特化ＳＮＳ」を「ライフスタイルＳＮＳ」が駆逐したというのは、現在のアパレル業界にとっては示唆深い出来事である。

背景には、進化し続ける消費者の価値観やライフスタイルの変化があることを忘れてはならない。

本質的変化5

「無駄な在庫」を抱えるリスクがなくなる

▼AIは何ができるのか

従来のアパレルのビジネスモデルでは、常に「在庫のリスク」が悩みの種だった。

リードタイムを短くして発注しても、3ヵ月以上前に発注・見込み生産をしなければならない仕組みでは、在庫リスクは避けられない。

店頭鮮度を高めるために品揃えを増やせば、そのリスクはさらに高まる。

消費者の多様化に対応するため、現実的には「少量多品種化」の流れに拍車がかかり、その結果、生産量と販売量に見込み違いが発生し、無駄が生じる。

これが長らくアパレル業界の悩みの種だったわけだが、**AIやEC化などのテクノロジーによって、アパレルにおける需要予測の難しさが一定レベルまでは、解決される**可能性がある。

というのもAIは、**精度の高い需要予測に必要な「ヒット率の向上」と「生産量決定の精度向上」を可能にする**からだ。

ＡＩを入力データで見ると「画像解析」「音声解析」「テキスト解析」「データ解析」の4つに大別できるが、なかでも**「画像解析」**と**「データ解析」**分野については、近年進化のスピードがめざましく、人間のレベルを大きく凌駕《りょうが》しつつある。

ＡＩについては後ほど第3章で詳しく述べるが、ここではＡＩをアパレルに有効活用した具体例を紹介したい。

▼「EC×AI」の組み合わせで在庫リスクを減らす

ＥＣとＡＩを組み合わせた、具体的な在庫リスクの削減を見てみよう。

ＥＣには、リアル店舗とは異なる2つのメリットがある。

❶アイテム数が少なくても、集客できる

ＥＣはリアル店舗と異なり、魅力的な店構えをつくるためにアイテムを増やしたり、在庫を積んだりする必要がない。**アイテムの種類が少なくても、魅力的なECをつくることは可能**だ。

リアル店舗の場合は、店構えに迫力をもたせるため、どうしても店頭在庫をある程度、積む必要がある。コーディネイト提案の幅を広げるために、アイテムの種類も必要だ。

たとえばショッピングセンターに並ぶ店舗の中で、消費者を惹きつけるのはどういった店舗なのかを考えればわかる。

集客力があるのは、種類が豊富で、かつ自分の欲しいアイテムの在庫を備えた店舗だろう。ZARAやユニクロなどの店舗が、大型で豊富な在庫をもっているのはそのためだ。

一方、**ECの場合は、物理的に在庫を積んで見せる必要がないため、1アイテムあたりの在庫を抑えられる。**

加えて、**アイテムの種類も、見せ方やコンセプトの工夫で、いかようにも抑えられる。**

前述した「D to Cブランド」が、ニッチでアイテム数が少なくてもECに顧客を誘引できているのはこのためで、**リアル店舗とネットでは、消費者を誘引するために必要な仕掛けが異なる**のだ。

❷「テスト&リピート販売」で、AIの学習サイクルを高回転で回す

ECの最大のメリットは、「テスト&リピート販売」ができることにある。

「テスト&リピート販売」というのは、新しいアイテムを少量でテスト販売し、その売上げ状況や予約販売の反応を見ながら生産量を決めるというやり方だ。

この方法により、消化率や収益性を大きく改善することができる。

実際、アメリカのEC特化型ブランドである「エバーレーン」では、ウェブ上で次シーズンのアイテムの先行予約を受け付け、需要予測に役立てている。

後述するイギリスのEC専業のファストファッション企業「ブーフー」では、月間2000～3000もの新商品が初回ロットを極力抑えてリリースされる。そして、**当初数週間の売行きに応じて、追加生産・リピート販売を行うという「QR（クイックレスポンス）方式」**によって急成長している。

この初動の売上げを見て生産量を決定するプロセスには、**データ解析AIによる機械学習を導入**している。

ビジネスモデルの特性上、AIにインプットするデータが毎日大量に生まれるので、精度向上の学習サイクルがものすごいスピードで回転する仕組みとなっている。

▼AIを効果的に活用するためには何が必要か

このように、新しいビジネスモデルに**AIを効果的に組み込むことで、需要予測の精度を劇的に向上すること**ができる。

一方、ビジネスモデルが旧態依然のままでは、需要予測にAIを導入しようとしてもうまくいかないことが多い。

なぜなら、汎用的なデータをAIのインプットに活用しても、差別化につながらないことが多いからだ。

たとえば、世の中に大量にある画像データから、ＡＩでトレンドを予測して、需要予測や期中マークダウン（値引き）管理といったマーチャンダイジング（以降ＭＤ）に活用したとする。たしかに、ヒット率向上というメリットは享受できるだろう。

ただし、**日本の多くのブランドでは、ヒット率の向上よりも、そもそもブランドとしての独自性に欠け同質化していることが課題**であることが多い。このようなブランドでＡＩを活用すると、差別化につながるどころか、さらなる同質化を招いてしまう恐れもある。

このようにＡＩを効果的に活用するためには、既存のビジネスモデルに安易に取り込むのではなく、**ＡＩをユニークに活用できるビジネスモデルへの変革**が先なのだが、その点を理解していないアパレル企業が多い。

▼イギリスから生まれた「デジタル・ファストファッション」

これまで、アパレルの「勝ち組ビジネスモデル」と称されたファストファッションが転機を迎えている。

図表２‐１に示すとおり、「トップショップ」や「ニュールック」をはじめとするイギリス勢は勝ち負けが顕著で、減収に沈むファストファッションブランドも増えている。

背景には、**「ブーフー」「エイソス」「ミスガイデッド」といったオンライン特化のファ**

図表2-1　主要グローバルSPAの売上高成長率×営業利益率

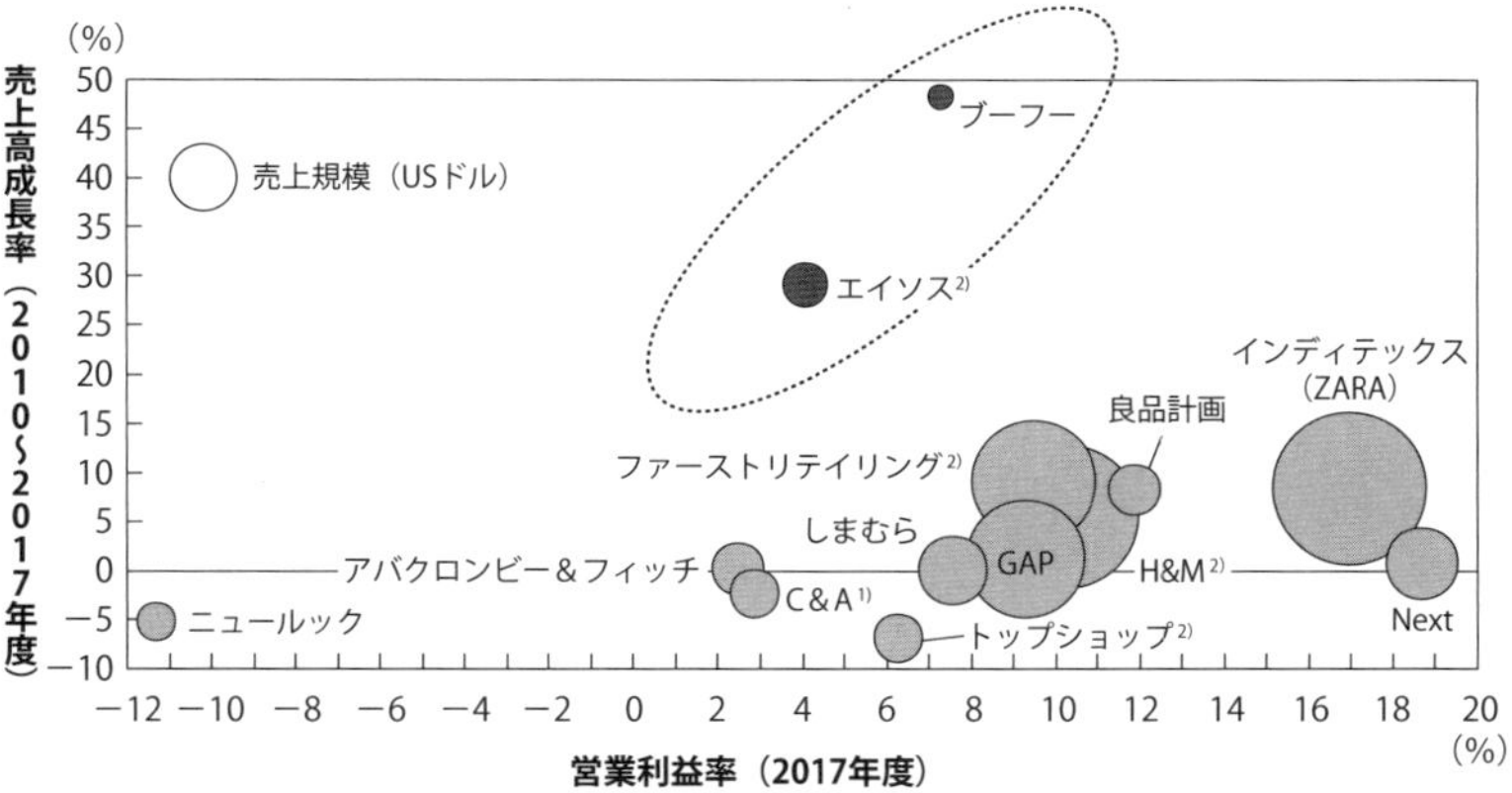

1）C＆Aの営業利益率は2013年度時点。
2）H＆M、ファーストリテイリング、トップショップ、エイソスの営業利益率は2016年度。その他は2017年度。
出所：各社アニュアルレポート、Thomson one, One sourceなどをもとにローランド・ベルガー作成

ストファッションの急成長がある。

筆者はこのタイプのファストファッションを、従来のリアル店舗中心のストア型と対比させて**「デジタル・ファストファッション」**と呼んでいる。**「デジタル・ファストファッション」は、AIやビッグデータといったテクノロジーを徹底活用する「オンライン特化型のファストファッション」**だ。

グローバルでは「ブーフー」や「エイソス」などのイギリス勢が最先端を走っているが、これらの企業はAIの活用がビジネスモデルと一体化しており、アパレル業界の中でも最も先進的だ。

たとえば、**デザインや企画における「画像解析AI」の活用、生産量決定や値引きの判断における「データ解析AI」の活用、ウェブ接客のチャットボットにおける「テキスト解析AI」の活用**といった具合だ。

急成長するこれらの企業の背景には、これまたイギリス発のファッションビッグデータ企業「エディテッド」の存在がある。「ブーフー」や「エイソス」の躍進には、同社のさまざまなビッグデータサービスが不可欠だったといっても過言ではない。

これらの3社については、第4章のケーススタディで、さらに詳しく取り上げたい。

本質的変化6

「ただ着るだけの衣服」から進化する

▼ウェアラブル技術の先をいくものは？

テクノロジーは、**衣服の材料である「テキスタイル（織物・布地）」そのものも、大きく進化**させている。

これまでの「テキスタイル」の進化は、機能性にフォーカスをしたものが多かった。ファーストリテイリングと東レが共同開発した吸湿発熱素材「ヒートテック」がその代表例である。

一方で、これから期待される「テキスタイル」の進化は「エレクトロニクス」や「IoT」を融合させた、より高度でより付加価値の高い繊維であり、一部では**「スマートテキスタイル」**とも呼ばれている。

たとえば、2017年にグーグルとリーバイスのコラボレーションで話題を呼んだ「プロジェクト・ジャガード」で製品化が発表されたデニムジャケットはその好例だ。

センサー機能をもつ極細のコードを糸に紡ぎ、その糸で織った布にチップ内蔵タグを接続することで、布のセンサーを指で触って無線接続した端末を操作することを可能にした。タグは脱着可能で、コード入りの生地は水洗いできる。

ユーザーは自転車に乗りながらジャケットの袖を触ってスマートフォンをコントロールでき、まさに**「ファッション」と「テクノロジー」を両立**させている。

このように、センサー、通信、データストレージなどの機能を「テキスタイル」に組み込む技術は、ファッションに留まらず、さまざまな分野へ応用され、浸透していくだろう。具体的には医療・介護、スポーツ、宇宙開発、農業、建設、防護服、生活用品など、多様な分野での応用が期待できる。

日本にも、最新のスマートテキスタイルを研究開発している企業がいくつかあるが、ここではユニークな京都の老舗企業「ミツフジ」を紹介したい。

ミニ事例

千年の都「京都」発の最先端企業「ミツフジ」

「ミツフジ」は、西陣織の工場として創業した歴史をもつ京都の老舗企業である。一時は経営危機に陥ったこともあったが、2014年に三代目の三寺歩氏が代表取締役に就任して以来、業績は上向きだ。

もともと力を入れていた導電性の銀メッキ繊維に加え、近年はウェアラブルデバイスに進出し、評価を受けている。

同社は「銀繊維を通して、新たなライフスタイルを創造する」をビジョンに掲げており、世界で唯一の繊維からクラウドまでを提供するウェアラブルIoT企業として、自社開発・生産にこだわった製品やサービスを提供している。

同社が開発したスマートウェア「ハモン（hamon）」は非常にユニークで、伝導性繊維を使用したウェアと、ウェアにセットし生体情報を発信するトランスミッター、スマートフォンで簡単に管理できるクラウドアプリの3点から構成されている。

ユーザーが着用すると、心拍、心電、呼吸数、温度などさまざまな生体情報をモニタリングし、スマートフォンで管理できる。

適用可能な領域は幅広く、アスリートの体調管理やヘルスケア、建設工事現場の社員の見守りなど、さまざまな領域での適用が期待されている。

同社のスマートウェア事業はまだ駆け出しの段階であり、事業が拡大・安定するには相応に時間がかかりそうだが、京都発のスマートテキスタイル企業の今後に期待したい。

本質的変化 7

服づくりのデザインプロセスもデジタル化する

▼リードタイムの短縮が実現する

アパレル業界における「３ＤＣＡＤ」（設計や技術資料の作図をコンピュータ上で立体的に行うソフトウェアのこと）をはじめとする**デジタルツールの導入は、他のものづくりと比較すると遅れている。**

彫刻や建築などの分野でも３次元化が進む中、アパレルではアナログなプロセスがいまだ一般的で根強く残っている。

たとえば、デザイナーが２次元のスケッチや生地サンプルを駆使してイメージを起こし、パタンナーが匠の技術で３次元に立体化する、というプロセスだ。

しかし、海外企業を中心に、現在、**デザインからサンプル作成にいたるプロセスにおいても、デジタル化が急速に進んでいる。**

とくに、企画から生産までのリードタイムの短縮が価値につながりやすいファストファッションやＨ＆ＭやＺＡＲＡなどのグローバルＳＰＡ（製造から小売まですべて自社で行うビジネスモデル）が先行しており、**最近ではサンプル作成のデジタル化が顕著**である。

たとえば、香港を拠点とする世界最大級のアパレルOEM企業（Original Equipment Manufacturing：委託者の生産を担うプレーヤー）である「リー&フォン」は、サンプル作成のデジタル化を急速に進めている。

デジタル化によってリードタイムを最大50％削減することが可能で、すでに北米のアパレルブランド向けに導入が進展している。

このような服づくりのデジタル化は、グローバルではすでに実用化が進んでいる。とくに、ファストファッションやグローバルSPAにおいては、この**デザインプロセスのデジタル化が、競争優位の源泉となっていく**であろう。

サンプル作成のデジタル化により、リードタイムの短縮を可能にした韓国発のスタートアップ企業を紹介したい。

ミニ事例

服づくりのデジタル化を支える「CLO Virtual Fashion」

「CLO Virtual Fashion」は2009年に韓国で創業したスタートアップ企業で、アメリカ、ドイツ、香港など世界6拠点に展開している。

ファッションデザインにおける3Dバーチャルシミュレーション用のソフトウェ

ア「CLO3D」を開発・提供しており、この領域のトップ企業のひとつである。顧客はアディダス、ニューバランスといったスポーツアパレルからルイ・ヴィトンまで、世界中のさまざまなアパレル企業に広がっている。**ユーザー企業の「CLO3D」導入のメリットは、まさに「リードタイムの短縮」**だ。

「CLO3D」上でデザインを行うことで、サンプル作成の工程を短縮し、工程を完全にバーチャル化するため、サンプルのリードタイムが37日から27時間に短縮できたケースもある。

「CLO3D」は細部まで確認できるリアルなシミュレーションが特徴で、色や形だけでなく、素材の凸凹感、フリル、ドレープなどもリアルに再現、アバターのポーズを変えることで、フィット感をチェックすることもできる。

ちなみに、**サンプル作成のデジタル化は、製造業で共通に見られるトレンド**であり、自動車など多くのものづくりですでに実用化され、大きなコスト削減効果をもたらしている。

アパレルはこれまで後れをとっていたが、今後、「CLO」のような企業の登場によって進んでいくだろう。日本では、アパレル業界向けソフトウェアの開発・提供を行う「ユカアンドアルファ」が代理店を務めており、国内でも導入が進んでいる。

本質的変化8

人がいない工場や店舗が出現する

▼現場業務の効率化

ロボットやIoTなどテクノロジーの活用は、アパレル産業の工場や店舗等の現場業務を効率的に変えつつある。

アメリカのロボットベンチャーである「ソフトウェアオートメーション」社は、**衣料品製造の完全自動化ロボットミシン「SEWBOT」**を開発し、すでにTシャツ、ジーンズ、タオルなどの製造自動化に成功している。いわゆる**「スマートファクトリー」（IoTやロボットなどを活用し自動化と全体最適が進んだ工場）のアパレル版**だ。最近では、中国のOEM企業と組み、アディダス向けのTシャツ工場をアメリカのアーカンソー州に建設している。

もともとアパレルの工場は、労働集約型で大量の人員が必要だったため、人件費の低い途上国へと移転してきた歴史がある。しかし、**自動化が進むと、工場で必要な人手が減るため、最終消費地の近くに工場が建設できる。**

実際、アディダスは、ドイツに「スピードファクトリー」というスニーカーのマス・カスタマイゼーション（少量多品種のカスタム製品を効率よく生産する仕組み）を行う工場を建設した。同工場では、スニーカー生産のかなりの部分が自動化されている。

また店舗側でも、さまざまな省人化の試みがはじまっている。

元アマゾンの物流担当副社長が創業したアメリカの「ホインター」は、アパレル店舗の全自動化のソリューションを提供している。**店舗は人手不足から、省人化のニーズが非常に高い**。今後はレジ、品出し、陳列、棚卸し業務等を中心に、さらに自動化が進むだろう。

とくに、アパレルの店舗業務において大きな割合を占める品出し、陳列業務に対するニーズが大きい。この領域では**「協調型ロボット」と呼ばれる人と一緒に働くことを前提とした「ロボティクス技術」の進化**が、いま注目されている。物流倉庫などではすでに実用化がはじまっており、今後、店舗業務への応用が期待されている。

テクノロジーの活用によって服づくりの工数を大幅に効率化した、国内スタートアップ企業の「シタテル」の事例を紹介したい。

ミニ事例

服づくりの非効率問題を解消「シタテル」

国内アパレル業界は、全体として非効率になりやすいという課題を抱えている。

サプライチェーンが川上・川中・川下で分断されており、かつ中小企業が多いため、効率的な連携や情報共有が難しいからだ。

２０１４年に熊本で創業したスタートアップ企業「シタテル」では、衣服の生産インフラを必要とするアパレル企業と、技術力の高い縫製工場をつなぐデジタルプラットフォームを構築し、事業化している。

「シタテル」のテクノロジー活用には、次の２つの特徴がある。

❶縫製工場のデータベース（DB）化によるマッチング

「シタテル」では、ジャケット、Tシャツ、チノパンツなどのアイテムごとに、生産できる工場を得意不得意の特徴に応じて評価・分類し、国内で数千の工場をDB化している。

そして、アパレル企業側のニーズに合った工場をマッチングすることで、これまで人がつないでいた部分を大幅に効率化した。

工場側も「シタテル」と組むことで、空いていた生産キャパシティを埋めることができ、稼働率アップにつながっている。

❷使いやすいコミュニケーションツールの提供

これまで、ブランド側と工場側の間はFAX・電話や直接のやりとりが多かった。

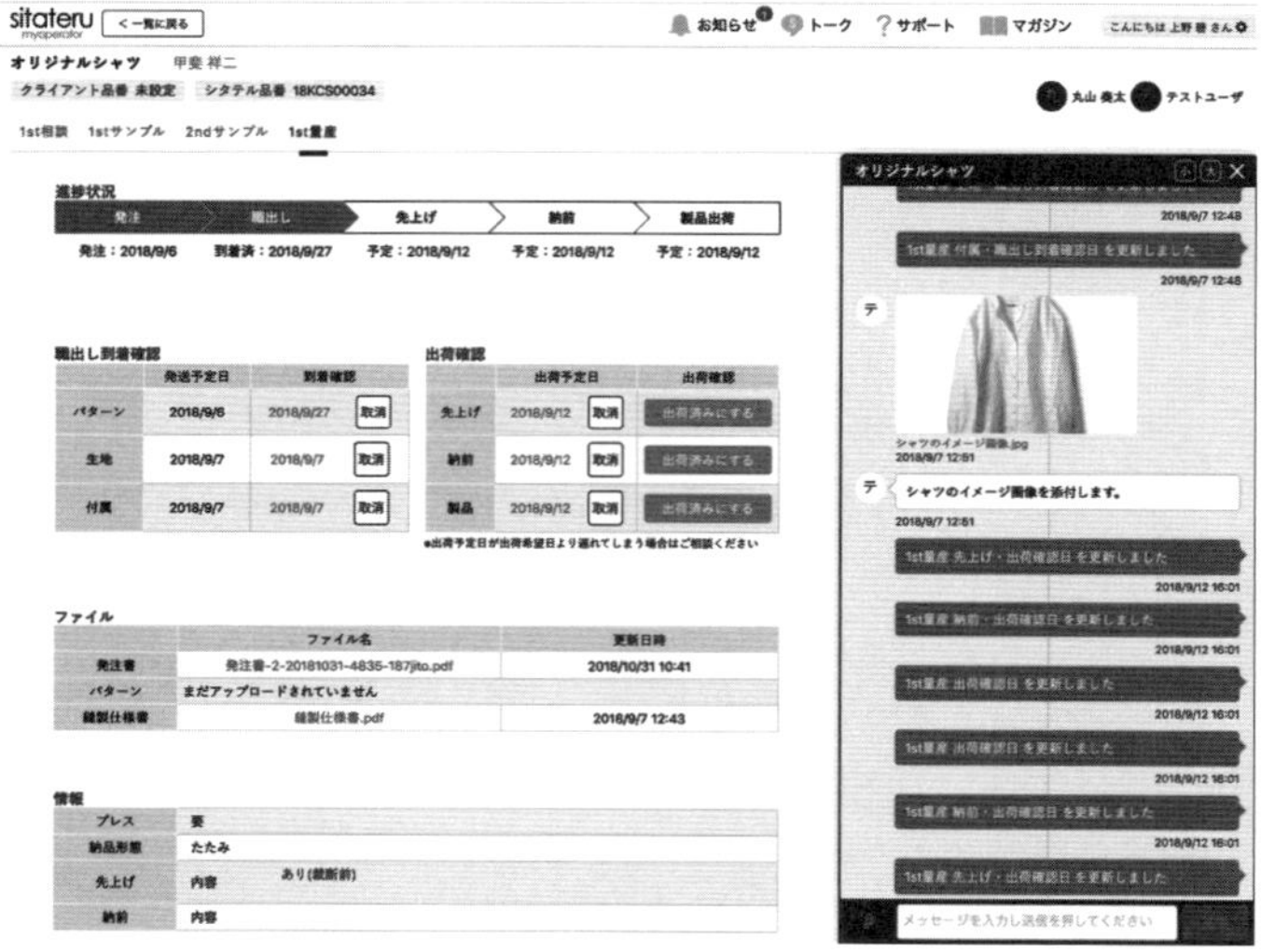

シタテルが提供するサービス
（写真提供：シタテル）

また、感性重視のブランドと職人気質の工場ではそもそもコミュニケーションがうまくいかないことも多く、間に商社などが入ってブランド側の要求を工場に翻訳していた。

「シタテル」は、衣服生産に特化したデジタルコミュニケーションツールの提供と、コンシェルジュと呼ばれるスタッフのサポートによって、従来よりも人手を介すことなく、ブランドと工場をつなぐことを可能としている。

このようにテクノロジーを活用した服づくりの効率化によって、**生産コストが15％も**

下がった成功例も出てきている。
最近では、クラウドファンディングサイトの「マクアケ」との提携や、受注生産に特化した一気通貫サービス「ＳＰＥＣ」の導入など、サービスラインの拡充を進め、服づくりのプラットフォームとして事業拡大をはかっている。

本質的変化 9

「マス・カスタマイゼーション」で、「受注生産」と「大量生産」の両立が可能になる

▼「マス・カスタマイゼーション」とはいったい何か

ファーストリテイリングの柳井正氏は**「情報製造小売業」**の世界観を掲げている。すなわち、消費者を深く理解し、消費者が求めている商品だけをつくり、最適な形で迅速に届けるためのサプライチェーンの実現を目指している。
このコンセプトを突き詰めていくと、**「マス・カスタマイゼーション」**と呼ばれる、**パーソナライズされた「受注生産」と、低コストの「大量生産」プロセスを両立する、究極の**

服づくりが見えてくる。

これまで、カスタマイズが必要な「受注生産」は、設計や生産に人手がかかるため必然的に高コストとなり、低価格でマスに展開することは難しかった。オーダーメイドと聞くと、何となく高そうなイメージをもつことからもわかるだろう。

だが、テクノロジーは、いまこの常識を覆そうとしている。この分野の草分けとしては、**島精機製作所の自動編機「ホールガーメント」**が有名だ。同社は80年代からコンピュータデザインおよびコンピュータ制御に力を入れ、さまざまな製品を開発してきた。

同社のホールガーメントがあれば、一台でセーターやジャケットなど、さまざまなニットウェアの自動生産が可能となる。サイズ・素材・色など、消費者の要望に合わせた製品を連続で生産することも可能だ。

最近では、ユニクロも同社と組んで、ホールガーメントのニットを積極展開している。

また、アパレルにおける「マス・カスタマイゼーション」では、最近スーツでの浸透が顕著だ。一昔前まではスーツのオーダーメイドは中価格帯以上が一般的であったが、最近は低価格でも気軽に楽しめるようになった。

代表例は、オンワード樫山が手掛けるカシヤマ ザ・スマートテーラーだ。価格は3万円から、納期は最短1週間と短く、消費者の支持を広く集めている。

アパレルにかぎらず消費財全体を見渡すと、**現在さまざまなプレーヤーが「マス・カスタマイゼーション」に取り組みはじめている。**

たとえば、2017年資生堂は肌の状態に合わせてスキンケア化粧品をカスタマイズするブランド「オプチューン」を立ち上げた。同様の動きは、モビリティ、食、ヘルスケア、医療などさまざまな業界で広がっている。

この「マス・カスタマイゼーション」をユニークな寸法計測で具現化し話題になったのが、2018年1月に販売開始した株式会社ZOZOのPB「ZOZO」である。

ミニ事例

今後の真価が問われる話題のPB「ZOZO」

アパレルECで事業をスタートした「ZOZO」は、「WEAR」や「ZOZOUSED」などさまざまなサービス展開で、アパレル消費のエコシステムを形成しつつある。

2018年、「ZOZO」がベーシックなPB商品を「マス・カスタマイゼーション」で展開しはじめ、大きな話題となった。

さらに2018年10月には、「ZOZOSUIT」を使うことなく最適なサイズを提案する新しい採寸方法が導入された。話題の「ZOZOSUIT」がいらなくなるとのことで大きな反響をもって受け止められたが、実際のところはどうなのだろうか。

前澤社長によれば、大量の体型データが集まったので、機械学習による体型予測が基本情報入力のみででき、「ZOZOSUIT」は今後、不要になるとのことだ。

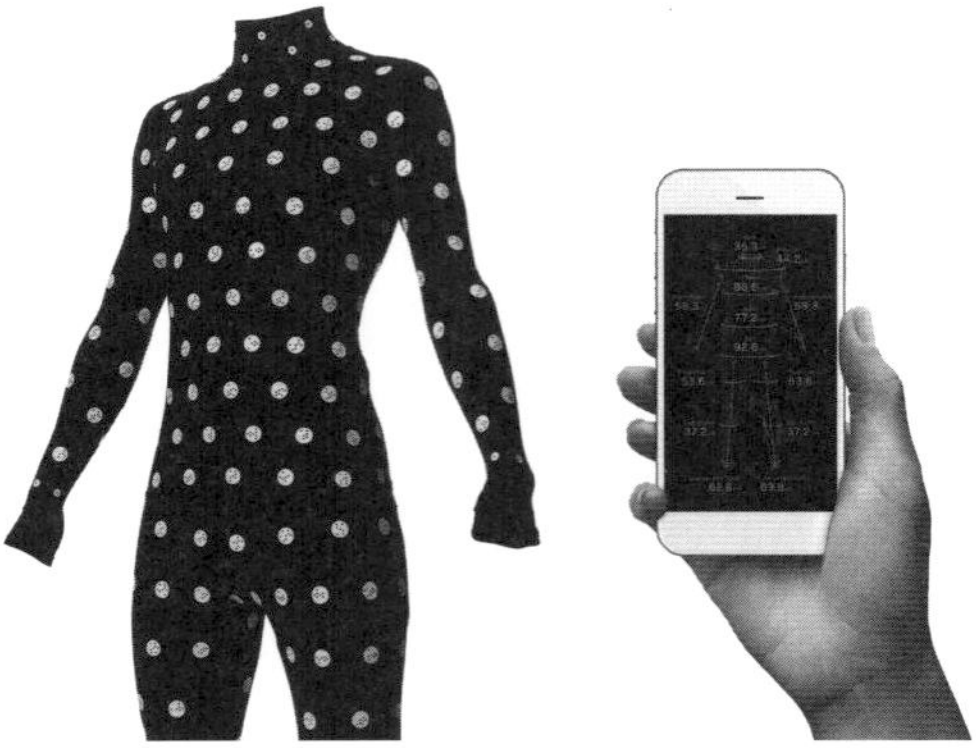

計測アプリとZOZOSUIT
（写真提供：ZOZO）

筆者も実際に試してみたが、「ZOZOSUIT」での計測と、情報入力による現行方式での計測結果を比較すると、現行方式のほうがウエストで4センチ、ヒップで3センチ、総丈で3センチ、実寸に近くなった。

大量のデータが集まったことで、精度は向上しているようだ。

ただ、これでもまだジャストフィットではないし、ジャストフィットも人により好みが違う。ここがファッションの難しいところだ。

「ZOZO」の今後の課題は、PBの目的のひとつであったグローバル展開に、この仕組みをどのように対応させていくかにある。現状、集積された体型データは原則日本人のものだが、体型の特徴やバラツキは国や民族によって大きく異なる。

日本人は比較的、体型のバラツキが小さい民族だが、たとえば中国では、北と南で平均身長が10センチ以上異なり、筋肉のつき方も違う。日本人のデータをもとに体型予測をグローバル展開するのは、少々無理があるように感じられる。

つまり、グローバル展開のためには、各国のデータを集めなければならない。

逆に見ると、**グローバルでは体型のバラツキが大きいため、一人ひとりのサイズに合った衣服を届けるというコンセプト自体は、日本よりも受け入れられやすい**といえる。実際、後述する中国では、「マス・カスタマイゼーション」が日本より普及している。

「ZOZO」がこれらの課題をどのように解決し海外展開していくのか、その動向に注目していたのだが、状況は一変してしまった。

2019年4月25日に行われた決算発表にて、PB事業の海外展開については見直しが発表されたからである。

具体的には、PB事業は欧米から撤退しいったん縮小する一方、複数のブランドと共同で、PB事業で集めた体型データを活用した新規事業を展開するとのこと。**まさに「ZOZO」らしい機動的な経営判断**だ。

一方で、同社が中長期的にさらなる成長を遂げるためには、グローバル展開は変わらないテーマだ。

たとえば、後述するイギリスのファッションECエイソスは、売上高3550億円（2018年8月期）のうち、海外で6割以上、PBで約4割を稼ぎ出している。要は、「海外」×「PB」を志向したこと自体が誤りだったわけではない。

「ZOZO」のPB事業の誤りは、スピードや話題性を優先し、計測手法、生産管理、製品ラインナップをはじめとするビジネスモデル全体の完成度が低いまま展開をしてしまい、一部の消費者や投資家の期待を裏切ってしまったことにある。

日本一のファッションECとして、今後の軌道修正とグローバル展開の実現を期待したい。

本質的変化 10

人事業務の高度化と効率化が実現する

▼「HRテック」が可能にする新たな人事評価

アパレル業界において、データ解析AIの適用が効果的だと考えられる領域がある。

それが、**販売員の評価・育成・採用などの分野**（**HR：Human Resource**）だ。**AIなどのテクノロジーを駆使し、採用・育成・評価・配置など人事業務の高度化と効率化を促すサービス全般を「HRテック」**という。

対象となるのは、給与計算などの業務効率化から、従業員の評価・分析による戦略的な人材育成・配置といった人事戦略領域まで幅広い。たとえばIBMでは、人事評価やボーナス査定に自社のAIパッケージである「ワトソン」を一部で導入している。

人が評価すると、評価者によっては不満が出やすい人事評価も、AIが行うと理論整然として意外と不満が出なかったりする。**HRとAIは相性がいい**のだ。

アパレル業界では、**優秀な販売員の確保と評価・育成は、大きなテーマ**である。しかしながら、これまでは**優秀な販売員のスキルは「見える化」されていなかった**。人材育成分野では、いわゆるロールプレイング研修など、アナログなやり方に留まっていた。

しかしながら、**「HRテック」を活用すれば、優秀な販売員の特徴やスキルを横断的に抽出・分析し、採用や教育プログラムに活かす**ことができる。評価についても、**売上げだけではなく顧客満足やチームプレイにつながる指標をつくる**ことができるだろう。

アパレル業界は、**企画から販売まで「人」が肝**である。

したがって、「HRテック」のように人を支援するテクノロジーの有効活用は、本来真っ先に検討すべきであり、これまでのように他業界にデジタル化で後れをとることは、もうあってはならない。

デジタル化がもたらす本質的変化の事例の最後に、国内で、この分野に挑戦しているＡＩのスタートアップ「エクサウィザーズ社」の取り組みを紹介しておきたい。

ミニ事例

「人事×ＡＩ」に挑戦する「エクサウィザーズ」

「エクサウィザーズ」は、「介護×ＡＩ」分野でサービス展開をしていた「デジタルセンセーション」と、大手クライアント向けにＡＩソリューションを提供していた「エクサインテリジェンス」が２０１７年に経営統合したＡＩのスタートアップである。

同社が展開する「ＨＲテック」サービスは、人事担当者の業務をＡＩで効率化する「ＨＲ君」をはじめ、ＡＩを活用した人材育成など多岐にわたる。

具体的には、活躍人材の予測にもとづく採用・配置業務、メンタルヘルスにおけるＡＩの活用や、「コーチングＡＩ」による人材育成などである。

同社の石山洸ＣＥＯは、人材育成におけるＡＩの活用について、次のように話す。

「コーチングＡＩのシステムではまず、ハイパフォーマーの接客や営業の場面の映像を撮影し、どのような特徴があるのかをデータで把握する。

次に、ハイパフォーマーに、どう考え、どのような動作をしたのかを教えてもらったり、ローパフォーマーの動きを見て何が問題かをデータとして入力してもらったりして、学習していく。

このようなアプローチで、**ハイパフォーマーとローパフォーマーの差をAIで判定し、その結果をもとにPDCAサイクルを回す。**これによってローパフォーマーの打率を少しでもハイパフォーマーに近づけることができれば、業績の底上げにつなげることができる」

現状、この「コーチングAI」は、営業や介護士の育成など、さまざまな分野で実績が出はじめている。アパレルの販売員にも十分に可能性のある分野だろう。

第2章　エッセンス

◆デジタル化の波は、アパレルのバリューチェーンのすべてに波及しており、活用できる企業と活用できない企業の差が顕著となっている。

◆アパレル業界にデジタル化がもたらす本質的変化は、次の10に大別できる。

①2割の「能動的な消費者」はインフルエンサー化、プロシューマー化する

②8割の「受動的な消費者」にはレコメンデーション機能の影響力が増す
③お気に入りのブランドを「直販サイト」で購入する「D to C」ビジネスモデルが増える
④「売り手と買い手の情報格差」がなくなり、業界人の地位と仕事が奪われる
⑤無駄な在庫を抱えるリスクがなくなる
⑥ただ着るだけの衣服から進化する
⑦服づくりのデザインプロセスもデジタル化する
⑧人がいない工場や店舗が出現する
⑨「マス・カスタマイゼーション」で、「受注生産」と「大量生産」の両立が可能になる
⑩人事業務の高度化と効率化が実現する

◆この中で効果的なＡＩの活用は、ビジネスモデルが独自にＡＩを活用できる仕組みになっていることが大前提であり、既存のビジネスモデルにそのままＡＩを導入しようとしても、効果的に使えない場合が多い。
たとえば、イギリスのデジタル・ファストファッションのように、ＡＩ導入に成功している企業はＡＩ活用を前提とした先進的なビジネスモデルを兼ね備えている。

第3章

AI(人工知能)はアパレル産業をどう変えるか

▼空前のAIブームにどう向き合うべきか

最近、**「AI（人工知能）」**という言葉を、メディアで目にしない日はない。

当然、アパレル業界でも、ひとつのブームのようにAIの活用が盛んに議論されている。

では今後、AIはアパレル産業をどう変えるのだろうか。

前章では、テクノロジーがアパレル産業にもたらす10の本質的変化を取り上げたが、本章では、**AIを中心としたテクノロジーがどのように業界を変えていくのか、そしてAIをうまく活用していくためには何が必要か**を、さらに掘り下げて解説したい。

▼AIを4つに分けて、その可能性を考える

前章でも述べたように、AIを入力データ別に見ると**「①画像解析」「②音声解析」「③テキスト解析」「④データ解析」**の4つに分けられる。

まずは、この4つにどのような活用が考えられるのか、そこから見てみよう。

❶「画像解析AI」——人との分業が進む

画像解析の分野は、近年「ディープラーニング」と呼ばれる学習技術とハードウェアの進化にともなって、急速に技術革新と実務への適用が進んでいる。

AIによる画像解析は、**ヒット率の向上やレコメンデーション**に活用できる。

たとえば、SNSやウェブページから消費者に支持されている画像を解析し、共通のエッセンスを抽出して、企画・デザインの材料にする。

具体的には、**画像の構成要素を「テイスト」「素材」「シルエット」「フィット感」「カラー」などの要素に分解**。そして大量の画像データから半年先のトレンドを予測し、国やマーケットによる違いを明らかにしていく。

たとえば、アメリカでAIと人によるパーソナルスタイリングサービスを行う大手アパレルEC「スティッチフィックス」では、**膨大なアイテムからユーザーへのレコメンドアイテムを絞り込む**ために、画像解析AIを活用している。

「スティッチフィックス」では、AIが絞り込んだロングリスト（候補アイテムのリスト）から、スタイリストが実際にレコメンドする商品を選んでいく。

なぜなら、**ファッションには「好き嫌い」や「誰にすすめられたか」というエモーショナルな部分が重要で、すべてをAIにまかせることは難しい**からだ。

AIにおすすめといわれるよりも、好きなインフルエンサーや販売員からおすすめされるほうが、はるかに消費者の心が動きやすい。

「スティッチフィックス」はこのあたりをよく理解していて、**AIである程度、自動的に絞り込んだあと、スタイリストが顧客に合ったアイテムをアナログに選んでいる。**アメリカのファッションテックでさえ、最後は人間の力を使って顧客に届けるのだ。

また、ＡＩにはできないことがもうひとつある。

それは**クリエイティブなデザイン**だ。

ＡＩはデザインを要素分解し、個々のアイテムの流行の可能性やヒット率を定量化することはできるが、ブランド全体のディレクションや、顧客を熱狂させるような真にクリエイティブなデザインは、ＡＩには難しい。

時代の空気感を読み、モードとして再構築するといった、トップデザイナーに求められる仕事は当面、人間にしかできないだろう。

つまり、**AIにはAIにしかできない付加価値があり、人間には人間にしかできない付加価値がある**ということだ。

売れ線重視のファストファッションであれば、画像解析ＡＩを使ったデザインが進むだろうが、クリエイティビティが重要なラグジュアリーファッションでは、まだまだ人の手が必要になるはずである。

画像解析AIは今後、ファストファッションを中心に活用が進展するだろう。

❷「音声解析ＡＩ」――日本語の壁が立ちふさがる

「音声解析ＡＩ」の分野は、アマゾンエコーやグーグルホームなどＡＩスピーカーの普及にともなって、急速に身近なものとなっている。

ただし**精度という観点では、ほかのＡＩに比べて低く、人間よりも大きく劣る**。とくに、日本語のようにイントネーションや非言語コミュニケーションで意味に差異が生じる言語は、なおさら難しい。

一方で、**音声という入力形式には、大きな可能性がある**とも筆者は考えている。

スマートフォンのタッチパネルが、その利便性でインターネットに接続する人と時間を飛躍的に拡大させたが、それと同様に、**音声入力デバイスの普及は、私たちの生活全体を24時間ネットとつなげ**、音声という入力方法によってアクセスの幅を広げている。

いまのところ、ＡＩスピーカーの音声入力で使われる内容は、音楽再生やアラームが多いが、いずれＥＣや遠隔診療のように、さまざまな機会での利用が増えるだろう。

ファッションの分野では、**音声によるスタイリングアシスタントやウェブ接客のようなサービス**も、そう遠くない将来に出てくるだろう。

❸「テキスト解析ＡＩ」――覇権争いの真っ最中

３つめは、テキスト解析である。

この分野は、**ウェブ接客やカスタマーサポートの「チャットボット」などで活用が進ん**

でいる。

「チャットボット」とは、英語の「ＣＨＡＴ」と「ＲＯＢＯＴ」を掛け合わせた言葉で、テキストや音声を通じて会話を自動的に行うプログラムのことだ。

ただし、ＡＩを用いた「チャットボット」は、まだ実験的な要素が強い。

一方、ルールエンジン（業務知識をパターンとして蓄積し、業務の自動化を実現するシステム）による「チャットボット」は、さまざまなケースに対応できるレベルになっており、サービスとして導入する企業も増えつつある。

「チャットボット」は現在、ＩＴのプラットフォーマーが技術標準争いをしている。

フェイスブック、グーグル、ＬＩＮＥといった企業が、「チャットボット」を開発できるプラットフォームを製作し、「ＡＰＩ」（アプリケーション・プログラム・インターフェイスの略。ソフトウェアの機能を共有すること）で世界中の開発者に開放している。

ユニクロは、**チャットボットを用いたコンシェルジュサービス「ＵＮＩＱＲＯ　ＩＱ」**を開発し、２０１７年に試験導入し２０１８年より本格運用を開始した。

「ＵＮＩＱＲＯ　ＩＱ」はチャット型のアプリで、ユーザーとの会話からＡＩが好みを把握し、最適なアイテムをすすめる。

ＡＩには、グーグルが提供する対話アプリ開発プラットフォーム「Dialog Enterprise Edition」を採用し、データを蓄積してパーソナルレコメンドに活かせる仕組みだ。

テキスト解析分野は、精度という観点では改善の余地がまだ大きいが、ＥＣやアプリと相性がいいため、**ウェブ接客、カスタマーサポート、レコメンデーション、スタイリングなどの分野**で開発が進むだろう。

❹「データ解析AI」――AIにまかせるべき

最後の「データ解析」の分野は、先述したように、**人間の能力を最も上回る処理能力がある**。とくにアパレルにおいては、MD業務での活用が期待される。

たとえば、「マークダウン」について見てみよう。

グローバルSPA型の大手アパレル企業の場合、毎シーズン多品種のアイテムを販売する。

そこでアイテムごとに売り切るための期間と、週ごとの在庫消化率目標が決められていることが多い。

消化率が一定レベルを下回ると、売れ残りリスクを回避するために期中に値引きを行い、消化率の引き上げにかかる。

この業務にAIを適用する場合、**どのアイテムを、どのタイミングで、どの程度値引くと最終的に利益が最大化できるかを判断するための膨大なデータが必要**となる。

そのためには、現時点でマークダウンの基本ロジックが社内で標準化されており、すでにある程度自動化され、運用されていることが前提となるだろう。

国内でここまで自動化が進んでいる企業は、しまむらなどの大手にかぎられる。

しまむらでは、商品の値下げをほぼ自動で店舗に指示するシステムを2016年に実用化している。それまでは、各店舗の売上げと在庫、消化率などの実績数値に、立地や長期の天気予報といった情報を本部が分析し判断していたが、システム化によりほぼ自動化した。

このようなシステムが業務基盤として整っていると、次のステップとしてAI導入が見えてくる。

現在はまだ多くの会社で、マーチャンダイザーがアイテム別に消化率を追いかけながら、毎週マークダウンの是非や割引率などを判断している段階である。

▼話題のRPAがアパレル業界にもたらすメリット

AIと並んで話題となっている言葉に、**「RPA」（ロボティック・プロセス・オートメーション）**がある。

「RPA」は、**企業の管理間接業務を自動化する**テクノロジーであり、さまざまな業種・業界で運用がはじまっている。

「RPA」は、ルールにもとづいて標準化された業務を自動的にこなすことができるため、次のような業務に向いている。

「ルール化が可能」「デジタルデータを起点とする」「繰り返しが多い」「複雑な判断や例外が少ない」「業務・操作マニュアルに落とし込める」「人手がかかる」といった業務だ。

一般的には、財務・経理における請求書処理や仕訳、財務マスターデータの作成、人事における申請書処理、社内ＩＴ管理業務の自動化などである。

先にあげた特徴を満たせば、特定業務に対しても適用が可能だ。

たとえば、小売やアパレルにおける在庫情報の更新、金融におけるローン審査、通信における顧客データの収集・照合など。

「ＲＰＡ」の導入効果は、**業務効率化や人件費の削減といったコストサイドのメリット**が注目されるが、じつはそれだけではない。業務処理品質の向上やコンプライアンス違反防止といった、数字だけではかれないメリットもある。

たとえば、保険組合の「ロイズ・オブ・ロンドン」では、加盟企業向けの契約書発行業務を「ＲＰＡ」による自動作成に切り替えた結果、処理に２日間かかっていた５００件ほどの契約書の発行が、たった30分ですむようになった。人件費が削減されただけでなく、加盟保険企業の満足度が大きく上昇したのだ。

このように、業務処理品質・スピードの向上は、**コスト削減だけでなく、ユーザーの満足度向上にもつながる。**

フロント業務へのＡＩ適用に焦る前に、バックオフィスから手頃な最先端技術を導入し、試行錯誤しながら自社ならではのデジタル化を模索していくのも現実的な考え方である。

▼AI化はアパレル業界を二分する

このようにAIは、アパレル業界のさまざまな分野で活用が期待されており、実際、グローバルでは続々と導入が進んでいる。

その先には、いったいどのような世界が待っているのだろうか。

あくまで私見だが、AIの普及は、アパレル業界の二分化を加速させる。

二分化とは、次のようなものである。

①「独自性のある創造」を「価値（衣服だけでなくサービスも含む）」とするグループ

②「①が生み出した独自性やトレンドを低価格でマス層に無駄なく届けること」を「価値」とするグループ

わかりやすくたとえると、ラグジュアリーやデザイナーズ、スポーツ、アウトドアブランドなどが前者で、ユニクロやZARAのようなグローバルSPAやアマゾンのようなプラットフォーマーのPBが後者である。

❶「独自性のある創造をする」グループ

ＡＩはデータから学習するので、パターンを見つけることは得意だが、まったく新しいものをゼロから生み出すことは苦手である。

したがって、**時代感覚の先読みなどが必要なモードのデザインや、機能性繊維・衣料のように研究開発が必要な分野**では、引き続き人間が重要になる。

デジタル化社会では、新しいものはすぐに拡散・共有され、消費される。そのため、独自性のあるものや新奇なものは、ますます「価値」となりやすい。

すなわち、ＡＩにはできない独自性を創造する人や組織を抱えるプレーヤーは、今後も「価値」を生み出し続けることができる。

別のいい方をすると、**デジタルに破壊されないビジネスモデル**だといえる。

❷「独自性やトレンドを無駄なくマス層に届ける」グループ

グローバルＳＰＡやデジタル・ファストファッションは、今後もＡＩ化やデジタル化によって急速に進化していくだろう。

そして、**ますます多様化した消費者の好みにぴったりの商品を、手頃な価格でスピーディーに届けられる**ようになる。

トレンド寄りの分野では、デジタル・ファストファッションがあらゆるトレンドを網羅するだろうし、ベーシック寄りではマス・カスタマイゼーションが伸びるだろう。

そして多くの消費者は、これらグローバルＳＰＡの衣服で満足するようになるはずだ。

▼生き残れる企業は、自社の「価値」を磨く

独自性のあるアパレルと手頃な価格で流行に乗ったアパレルが進化していく中、**「価値」があいまいなアパレルは、どんどん淘汰されるだろう。**

とくに、模倣が価値の源泉となっているトレンドＳＰＡや、勝ち組グローバルＳＰＡと競合しなければならないマスブランドはしんどい。

ＡＩ化は、この「勝ち負け」の流れを加速させる。

アパレル業界は、世界首位のＺＡＲＡを擁するインディテックスでも、シェアが約２％（２０１７年）しかない細分化された業界である。化粧品では首位のロレアルが約14％、スポーツ衣料では首位のナイキが約17％となっているのと対照的だ。

しかしながら、ＡＩをはじめとするデジタル化の流れが、この状況を変えていく。

前述の二分化とグローバル化の流れの中で、**消費者への「価値」を磨き続けることができた企業が勝ち残っていくはず**である。

▼デジタル化に乗り遅れないために大切なこと

残念ながら、国内アパレル企業の多くは、**デジタル化において後れをとっている。**世の中のデジタル化のスピードに後れをとらず、テクノロジーを有効活用するためには何が必要なのだろうか。

15年ほど前、まだアパレル業界にＥＣが普及していなかったころ、業界の重鎮や有識者のある発言を耳にした。それは「実際に目で見て試すことが必要なアパレルは、ＥＣでは売れない」といったものだった。

しかし結果はご存じのとおりだ。**いまやＥＣはアパレルの主要チャネルに成長している。**アパレルのＥＣ化率は全消費財のそれと比べても数ポイント高く、アパレルという商材はＥＣとの相性がよかったことがわかる。これはアメリカでも中国でも同じだ。

いま話題の「動画コマース」（動画を利用して購入につなげること）についても同様で、「動画コマース」が出てきた当時は、ファッションとの相性を疑問視する声があった。ところが、インフルエンサーによる「ライブコマース」は消費者の心をとらえ、中国では「ＫＯＬ」（キー・オピニオン・リーダー。インフルエンサーの意）による「ライブコマース」での市場規模が、数千億円台後半にまで達している。

いずれも大事なことは、**デジタル化という不確実性の高いものに対し、お偉方やメディ**

アの意見を鵜呑みにしてはいけないということだ。

つまり、**自ら判断する力、俗にいう「ITリテラシー」を養うことが、変化の早いデジタル化社会を生きていくための大前提**となる。

▼乗り遅れる・追いつけない企業の特徴とは?

デジタル化に遅れないために、もうひとつ大事なことがある。

それは、**IT投資**だ。

IT投資を継続的に行わないと、他社に追いつけなくなる。

最近、アパレルをはじめとする消費財や小売の経営者から、「自社でクラウドサービスを利用したいがどうしたらいいいか」「システムを最新にしたいが何から手をつけたらいいいか」といった相談を受けることがある。

このような相談をしてくる企業の多くが、IT投資を継続的に行っていない。**とっくに保守の切れた古いシステムが稼働していたり、旧式のホストを基幹システムとして使い続けていたりする。**つぎはぎでシステムを導入した結果、混乱の極致にいたるケースが多い。

このような状況から、クラウドを軸とした最新のサーバーレスアーキテクチャ(自社でサーバーの構築や管理の必要がないアプリケーションの開発・実行環境のこと)に移行しようとしても、莫大な時間と費用がかかるし、そもそも不可能なことが多い。

それに加えて、社内でシステムを管理できるＩＴ人材が育っていないケースがほとんどである。

このように、**システム面で一度時代の流れから遅れると、追いつくことが難しくなる。**

▼デジタル化は手段であって目的ではない

企業がデジタル化を進める以前に、重要なポイントがある。

それは、**デジタル化がユーザーに対してどのような「価値」の向上をもたらすのかという目的を明確にすること**だ。

目指す「価値」の方向性によって、デジタルの使い方やあり方が異なるからである。

たとえば、低価格が重要なブランドの「価値」であれば、デジタル化の目的はまずコストダウンや効率化となるだろう。

非日常やワクワク感が「価値」となっているブランドであれば、デジタル化の目的は**「ユーザー体験の向上」**だ。

当たり前のように聞こえるが、このようなビジネスモデルが生み出す「価値」についての議論がされないまま、デジタル化に走る日本企業はアパレルにかぎらず多い。

日本の高度経済成長と護送船団方式が勝ち組だった時代の名残で、横並びは得意だが、差別性や独自性のある価値創出を苦手とする企業が多いからだ。

国内市場が伸びていたころは、他社と同じことをしていれば市場とともに成長できた。とくにアパレルの場合は、巨大なトレンドビジネスが成立していたため、他社と同じトレンドに乗ること、すなわち模倣することが、業界の常識だった。

ところが、このようなモデルがいったん機能しなくなると、厳しい状況に陥る。模倣や追従が刷り込まれているので、本質的な価値や独自のビジネスモデルについての議論にならず、皆と同じような解決策を本能的に求めてしまうのだ。

現場の問題を掘り下げることもせず、いまだに夜の席やゴルフ場で聞いたうわさ話や情報に流されてしまうことすらある。結果として、デジタル化のような一大トレンドを、皆で表面的に追いかけてしまうのだ。

決算発表では判を押したようにＥＣやＡＩといった同じような言葉がキーワードとして並ぶものの、肝心の顧客にとっての「価値」は不明確なままだ。

目的と手段のはき違えが起こっているなら、デジタル化の前にビジネスモデルや顧客価値の再検討をすべきだ。

独自性の乏しい国内アパレルの企画業務におけるＡＩ導入は、その最たる例だろう。百貨店ＳＰＡやセレクトショップの模倣や追従を前提としたビジネスモデルは、すでに機能しにくくなっている。

彼らに必要なのは**「独自性」の追求や、新しい「価値」の創出**である。
あなたの会社には、ＡＩ導入の前に検討すべきことはないだろうか。

▼生き残れる企業の４つの条件

これからは、クラウドサービスや技術の進化を自社のサービスに有効活用し、顧客に対する価値に転換できる会社が、勝ち組となる時代である。

とくに、ＢtoＣやＥＣ分野においては、今後アマゾンやグーグルをはじめとするプラットフォーマーによって、ＡＩを含む多くの優れたクラウドサービスやＡＰＩが提供されるようになる。

アマゾンは、アパレル事業の企画・生産から販売において、壮大なＡＩおよびデジタル活用を進めている。さらに自社のノウハウを**「ＡＷＳ」（アマゾン・ウェブ・サービスの略）**という形でクラウドサービス化している。

今後、ＢtoＣにおいては、多くのＡＩツールやスタートアップ企業が、アマゾンのＡＷＳやグーグルによって淘汰されていくだろう。汎用的なＩＴサービスで、アマゾンやグーグルに勝つことはまず不可能だ。

進化し続けるこうしたＩＴサービスを、効果的に自社のシステムに組み込んでいくためには、次のことが必要になる。

①顧客にとっての「価値」を最優先に、ビジネスモデルを変化させ続ける
②効果的に世の中のＩＴサービスを活用し、デジタル化を進める
③そのために必要な人材・システム投資を惜しまない

そして、その大前提になるのは、

④経営者が、①②③の経営判断をできる「ＩＴリテラシー」を兼ね備えている

ことである。

第3章　エッセンス

◆ＡＩは入力データによって「①画像解析ＡＩ」「②音声解析ＡＩ」「③テキスト解析ＡＩ」「④データ解析ＡＩ」の４つに分けられ、それぞれできることが異なる。ＡＩが人間よりも得意なこと、付加価値を生めることを正しく理解するのが、ＡＩ活用の第一歩になる。

◆効果的なＡＩの活用は、現在のビジネスモデルがＡＩを活用できる仕組み・オペレーションを実装していることが大前提。旧来型のオペレーションにそのままＡＩを導入しようとしても、使いこなせず、失敗することが多い。

◆デジタル化は手段であり目的ではない。デジタル化を進める前に、自社の価値とは何か、ビジネスモデルそのものが毀損しないかを、しっかりと検討することが重要である。

◆これからは、クラウドサービスや技術の進化をいかに自社のサービスに有効活用できるかが勝ち組企業の条件になる。その流れに乗り遅れないためには、経営者のＩＴリテラシーや、デジタル化に対する継続的な投資が必要となる。

第4章
世界の最先端では何が起こっているか
――グローバルではここまで進んでいる

▼世界で戦う新興企業たち

国内アパレルの多くがデジタル化に後れをとる中、世界ではテクノロジーを効果的に活用し、業績を急成長させているプレーヤーがあらわれている。

そのほとんどが、創業15年未満の新興企業だ。

アパレル業界ではいままさに、ビジネスモデルの新陳代謝が起きている。

本章では、テクノロジーをアパレルビジネスに有効活用し、成功している世界的なケースを9つ紹介したい。

どれも日本の読者には馴染みのない企業かもしれないが、ぜひ知っておきたい「勝ち組企業」ばかりだ。

ケース1

「ファストファッション」の上を行く「デジタル・ファストファッション」で急成長している「ブーフー」

▼テクノロジーを最大限活用したビジネスモデル

まず、**「デジタル・ファストファッション」によって急成長している企業**を紹介したい。

「デジタル・ファストファッション」とは、第2章でも触れたように、AIやビッグデータなどのテクノロジーを徹底活用する**オンライン特化型のファストファッション**を指す。従来のストア型ファストファッションと対比する筆者の造語だ。

その急先鋒が、2006年にイギリスで創業した「ブーフー(boohoo)」である。過去5年間で売上げは4倍以上となり、直近2018年2月期の売上げは7億6100万米ドル(当時のレートで約840億円)にまで成長した。

イギリス内の売上げは全体の約6割。EUやアメリカにも進出しており、今後日本をはじめとするアジア地域での本格展開も視野に入れている。

「ブーフー」の特徴はテクノロジーを最大限活用したビジネスモデルにあり、大きく3つに分けられる。

❶AIを活用した「テスト&リピート」モデル

ひとつめは「テスト&リピート」モデルである。

「ブーフー」の月間リリース商品数は3000種類以上にものぼるが、**初回のロット数は極小化し、顧客の反応や売行きをみて追加オーダーをかけるため、発注量の精度が極めて高い。**

しかも、初回の売行きと追加オーダー後の売行きについて、膨大な自社データを蓄積・分析し続けながら、AIを用いて精度の向上をはかっている。

リードタイムを短縮するために、約7割は国内（イギリス）生産だ。当然、途上国での生産よりもコストは上がるが、販売・在庫ロスが少ないため低価格で販売できる。

また、AIを活用して、売れ筋商品のデザイン・色・サイズなどの傾向を細かく分析している。それをたえず企画・デザインチームにフィードバックすることで、商品のヒット率を継続的に向上させるループを実現している。

その結果、**ZARAやH&Mを上回る在庫回転率を実現**できており、まさに77ページで触れた**在庫リスクの低減のお手本**といえる。

❷毎日アクセスしてしまう飽きのこないECサイト

次に、ECサイトにおける**「UX（User Experience：ユーザーが得る経験のこと）」の追求**

サイトでは毎日新商品が掲載される

出所：ブーフー（boohoo）のウェブサイト
https://www.boohoo.com/womens/newintoday

があげられる。

「ブーフー」のウェブサイトには、毎日２００～３００の新商品が掲載されるため、ユーザーを飽きさせることがなく、アクセス頻度は非常に高い。

アイテムの表示も見やすく、使いやすく工夫されており、ＴＰＯ（デート、ブライダルなど）別のコーディネイト提案もできる。

また、１００種類近くのスタイルキーワード（カジュアル、ホリデー、スポーツなど）によって、好みのテイスト別に、アイテム検索ができる。

ほかにも、顧客情報をもとにウェブページ上の商品配列をパーソナライズ化するエンジンをウェブサイトのＵＩ（User Interface：画面などユーザーとデバイスの接点のこと）に組み込んでいる。

つまり、**「カジュアル好きの学生」「キャ**

リア志向のOL」など、顧客の属性ごとにウェブサイトの商品表示を変えているのだ。

さらに学生向けの限定割引やキャンペーンなど、競合に先んじて革新的なUI・UXを生み出している。

❸SNSを活用した「マルチチャネルマーケティング」

3つめが、秀逸な「デジタルマーケティング」である。

ブーフーは「マルチチャネルマーケティング」と称し、あらゆるSNSにおいて常に情報発信をしている。

具体的には、**インスタグラム、フェイスブック、ユーチューブ、ツイッター、ピンタレスト、自社メディアであるスタイルフィックスなど**を、広告媒体として活用する。

それだけではなく、「ブーフー」は自社独自で、映画やライフスタイルなど、コアターゲット層の興味を惹くようなコンテンツの企画・発信も行っている。

なかでも、**「インフルエンサーマーケティング」**に力を入れており、ターゲットである**若年層への影響力をもつタレントやアーティスト、ブロガー**と積極的に契約し、たえず情報発信をしている。

ブーフーは、まさに**デジタルネイティブ世代のためのファッション企業**だといえる。

イギリス生産にもかかわらず、安価かつ原価率45%というクオリティ、毎日100種類以上投入される新商品、SNSを通じた豊富なコンテンツなど、**すべてが高い付加価値を**

生み出し、高いブランドロイヤリティと同社の成長につながっている。

２０１８年には、ついに日本にも上陸した。まだテストマーケティング段階だが、今後日本での売上げが伸びたとき、生産背景を含めたサプライチェーンをどうするのかは興味深い。

ケース2

「越境ＥＣ」をスタンダードにしたイギリスのファッションＥＣ「エイソス」

▼積極的な国外進出で売上げを拡大

「エイソス（ＡＳＯＳ）」は、欧米の**10代から20代にかけての若者から絶大な支持を得ているイギリス発のファッションＥＣ**である。

２０００年の創業以来、急成長を遂げ、過去５年間の年平均成長率は50％以上にのぼる。売上げは、２０１８年8月期で24億１７００万ポンド（約３５５０億円）にまで達した。

「エイソス」は、カジュアルからスポーツまで８５０以上のブランドを取り扱うほか、プライベートブランドも展開している。

プライベートブランドは、レディース・メンズアパレルからスポーツウェア、コスメまで11ブランドがあり、同社の売上げの約40％を占める。

企画から販売までを2～8週間という非常に短期間で行うことで、最先端のトレンドをいち早く商品化し、低価格で販売することが人気の秘密だ。

「ブーフー」ほどではないが、**「エイソス」もいわゆる「デジタル・ファストファッション」のアプローチ**をとっている。

また、背の高い人・低い人向けや体の大きい人向けなど、**多様な体型に対応したブランド展開を行っていることも特徴**だ。

「エイソス」は、イギリス国外の多くの地域に進出しており、2016年度の国外売上げ比率は62・5％に達した。

同年度の地域別の売上げ比率は、イギリス37・4％、ヨーロッパ28・8％、アメリカ13・9％、そのほか19・8％である。

「越境EC」には送料、関税、言語問題をはじめとするトラブルがつきものだが、それらのハードルがある中で、国外売上げ比率が半分を超える理由は次の2つだ。

❶国内通販のような「配送の利便性」

まずは、国外通販であることを感じさせない「配送面での利便性」だ。

国によって差はあるが、**通常配送の送料は2～3ポンド（約300～450円）程度で、おおむね20ポンド（約3000円）以上の購入で無料**となる。

国によっては関税が課される場合もあるが、単価の低い個人輸入の場合では関税がかからないケースが多く、「エイソス」の客単価ではあまり問題にならない。

また、料金面に加えて、国外への配送スピードも優れている。

購買データをもとに、**どの地域で、どのような商品が売れるかを予測した在庫配分を行い、**スピーディーな配送を実現している。

❷国、地域ごとに合わせた「ローカライズ」

もうひとつ、現地顧客に寄り添う徹底的な「ローカライズ」がある。

アプリやウェブサイトは、地域ごとに専門開発チームをつくり、たんに翻訳するだけでなく、**現地の消費者のリサーチを繰り返し行いながら、その地域に適した見せ方を工夫し**ている。

トラブルや疑問への問い合わせには、いつでも、どこからでも応じられるよう、カスタマーサポートは9ヵ国語に対応し、時差にかかわらず24時間即時の返答をする。

ローカライズの工夫は、価格面でも行われている。

価格設定は地域ごとに変更し、その地域での価格競争力を維持できるようにする。

プライシングチームが**その地域の最低価格や財政指標（GDPや雇用率等）を分析し、市**

場環境に適した価格を決定するのだ。

その地域で、同じ商品が「エイソス」よりも安く販売されていた場合は、購入後に差額を割引クーポンとして受け取れる「Price Promise」というサービスもある。

こうした工夫によって、「エイソス」は「越境EC」のハードルを乗り越えて、国外でも利用されるサービスへと成長した。

▼「欲しい!」アイテムに出会える仕組み

ユーザー中心のサービスで成長を続ける「エイソス」は、AIの活用にも秀でている。たとえば「エイソス」は、膨大なアイテムから**ユーザーがニーズに合った商品を探し当てるためのデジタルサービス**を複数開発している。

常時850以上のブランドと8万点以上の商品を扱っているのが「エイソス」の魅力だが、アイテムが増えれば増えるほど、ユーザーが自分好みの一着を見つけることは難しくなる。

こうした課題に対して、「エイソス」がAIを活用したサービスが次の2つである。

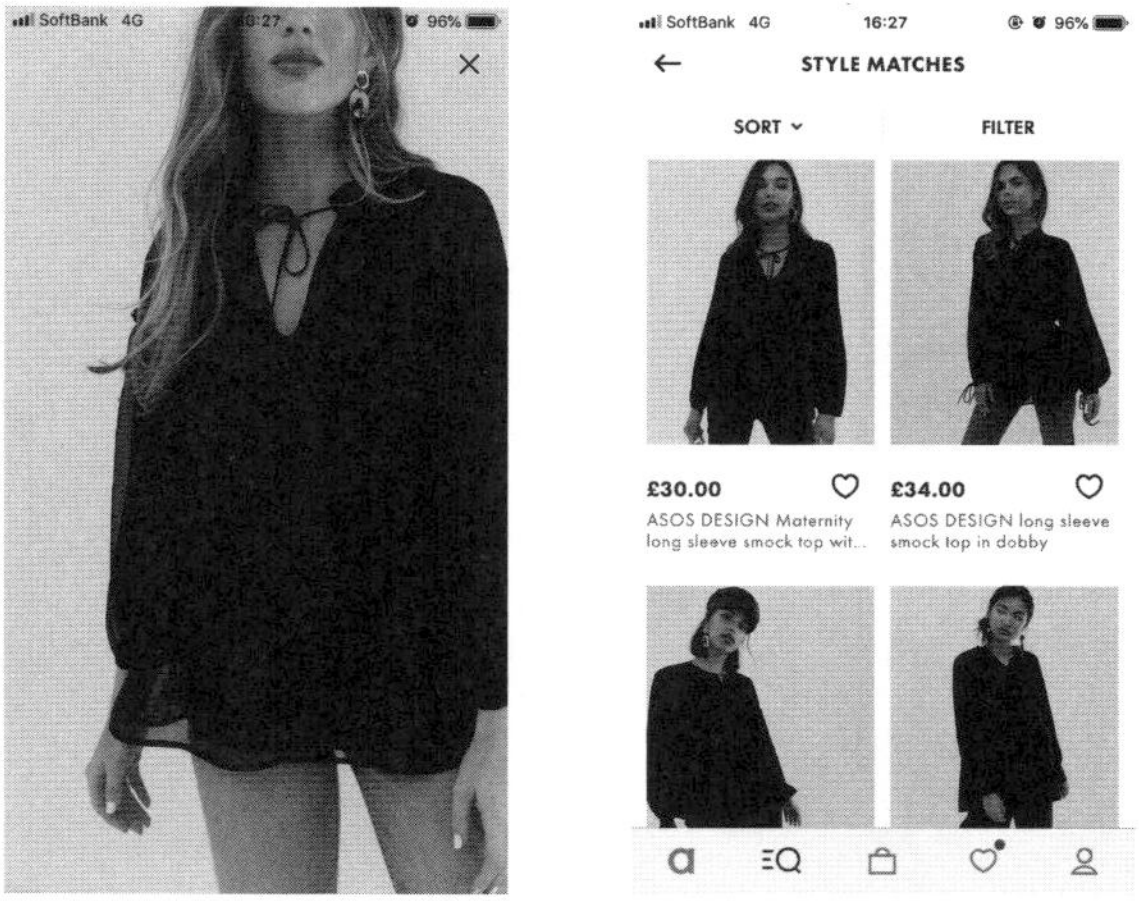

登録した写真とAIが解析して提示した商品例

出所：エイソス（ASOS）の公式アプリ

❶画像を利用した検索システム

ひとつめは「画像から類似商品を検索できるサービス」だ。

ユーザーがSNSなどを見て、直感的に「こんな服（や靴）が欲しい」と思ったとしよう。

そこで専用アプリにその服（や靴）の画像を登録すると、**そのアイテムの特徴を自動で解析し、似たデザインや色の商品が在庫の中から提示される。**

このサービスを利用すれば、何通りもの検索ワードを試しながら、長い時間をかけて何十、何百ものアイテムをチェックすることなく、数ステップで欲しい商品にたどり着くことができる。

❷「チャットボット」によるレコメンド

次に、「チャットボット」を用いたレ

コメンドサービスがある。

2017年のクリスマスギフト商戦に際して、同社は「ASOS GIFTING ASSISTANT」というAIチャットボットをリリースした。

「チャットボット」はフェイスブックのメッセンジャー上で機能し、ユーザーが話しかけるといくつかの質問が返される。

質問は、**デザインの好みやサイズ・用途・予算・ギフトを贈る相手の特徴**といったものだ。質問に答え終わった段階で、**好みに合う商品がレコメンドされる。**

今回のサービスはクリスマスシーズン限定の試験運用だったが、今後はより精度を高めた形での常時運用が期待されている。

これらの工夫によって、同社は顧客が「欲しい!」と思う1点と出会える仕組みを実現している。

▼「技術への投資」が、よりよいサービスを可能にする

ほかにも、AIは「エイソス」のいたるところで活用されている。

たとえば、2017年には「STYLE MATCH&FIT ASSISTANT」というサービスをイギリス限定でリリースした。

このサービスでは、**ユーザーの注文・返品履歴や入力した体型情報をもとに、各商品ページにて適切なサイズを表示する。**ＡＩによって、ユーザーに合ったサイズをあらかじめレコメンドしてくれるというわけだ。

注文履歴がなくても、身長・体重等の情報を入力すれば、近い体型のユーザー情報に紐づけられて、自分に適したサイズがわかる。

この機能で、**商品の返品率を抑える**ことが「エイソス」の狙いだ。

こういった最新技術を駆使したサービスを提供するために、「エイソス」は継続的な技術投資を行っている。

２０１７年には約７８０人だったデータサイエンティストやエンジニアを新たに約１２００人追加し、２０１８年にはさらに２００人の技術者を採用すると発表した。

開発環境の刷新にも力を入れており、２０１７年ごろからすべてのサービスの基盤をクラウド（マイクロソフト「Ａｚｕｒｅ」）に移行しはじめた。

全社的にサービスをクラウド化することで、**インフラ面の運用・管理が不要になるほか、「Ａｚｕｒｅ」の機能を利用して開発やテストを迅速に進められる**のだ。

そのほかにも、社内外でのハッカソン（エンジニアによるソフトウェア関連のプロジェクトイベント）の開催や、ユーザーに対するテストの実施など、技術・サービスレベルを高めるための施策を随時行っている。

ケース3

世界最高峰のファッションビッグデータ解析サービス「エディテッド」

▼イギリスファストファッションを陰で支えるビッグデータ

「エディテッド（EDITED）」は、2009年にロンドンで創業したStylescape社が展開する**ファッション・小売向けのビッグデータ解析サービス**である。

世界80ヵ国以上で、あらゆるファッション関連のECサイトを常時モニタリングし、解析しており、マーケティングに役立つ情報を提供している。

じつは、前述した「ブーフー」や「エイソス」など、近年のイギリスファストファッション勢の躍進を陰で支える立役者である。

欧米だけでなく、世界中に100社以上のクライアントを抱えている。

ファストファッションから、ラルフローレンやマルニといったラグジュアリー、そしてJクルーやトミーヒルフィガーのようなベーシックカジュアルまで、さまざまなグローバルブランドが「エディテッド」のサービスを利用している。

「エディテッド」は、**オンライン上のファッショントレンドや主要ブランドの動向などを、**

技術と人の手を組み合わせ、リアルタイムで収集・解析し提供している。

ネット上から情報を自動収集するプログラムに加えて、多数の人材を動員して、世界中のサイトからデータを集めている。

顧客企業は、ウェブポータル上でそれらの情報にアクセスし、競合他社やトレンドの情報を閲覧・分析することができる。

このウェブポータル経由で提供されるサービスは、「①アソートメント」「②プライシング」「③プロモーション」「④プロダクトトラッキング」の４つに大別される。

それぞれについて、詳しく説明したい。

❶情報を簡単に見える化する「アソートメント」

「アソートメント」では、リアルタイムで世界各国のブランド商品比較や分析をする。

具体的には、**ニットやジーンズなどのカテゴリー構成とそれぞれの商品数をブランドごとに「見える化」する**ため、各ブランドのＭＤ構成の違いがわかる。

これによって、マーケティング担当者はわざわざ競合他社のサイトを見て、商品構成の差を確認する必要がなくなる。

たとえば、フォーエバー21では、トップスの割合が最も高く、ボトムスの製品数は比較的少ない。対して、トップショップではトップスとボトムスの製品数が同じくらいで、ワンピースの割合が少ない、などといった情報を視覚化できる。

これまでのＭＤ業務は、手動で競合他社の動向や売れ筋商品などを確認していた。そのため、手間がかかるうえに属人的な判断になりがちだった。

「エディテッド」のサービスによって、**客観的なリアルタイムの判断**が可能となったのだ。

❷競合他社の価格推移を把握する「プライシング」

「エディテッド」の「プライシング」（製品やサービスの販売価格を設定すること）サービスは、値付け業務を支援するさまざまなデータを提供する。

たとえば、「エディテッド」のウェブポータルでは、**競合ブランドの販売当初価格からセール後の最終価格**までを確認できる。

これにより、類似商品の価格や割引率をもとに自社製品を最適な価格で販売することができる。

ＵＩも優れており、**自社製品と競合ブランドの販売当初から現在までの価格推移**が視覚的に示される。そのため、常にリアルタイムの価格推移を把握することができるのだ。

また、図表４-１のように**各ブランドのプライスレンジ（中心価格帯）や価格帯別のアイテム数**がひとめでわかるよう工夫されている。どのブランドにどの価格帯の商品がいくつあるのかを、正確な数値で知ることができるのだ。

Stylescape社によれば、アパレル企業が値引き率やマークダウンのタイミングを見誤ったために生じる損失はかなり大きいという。

図表4-1　エディテッドのプライシングデータの一例

＊競合各社製品の販売開始価格からセール後の最終価格まで確認可能
＊どのブランドでどの価格帯の商品がいくつあるのかを正確な数値で知ることができる

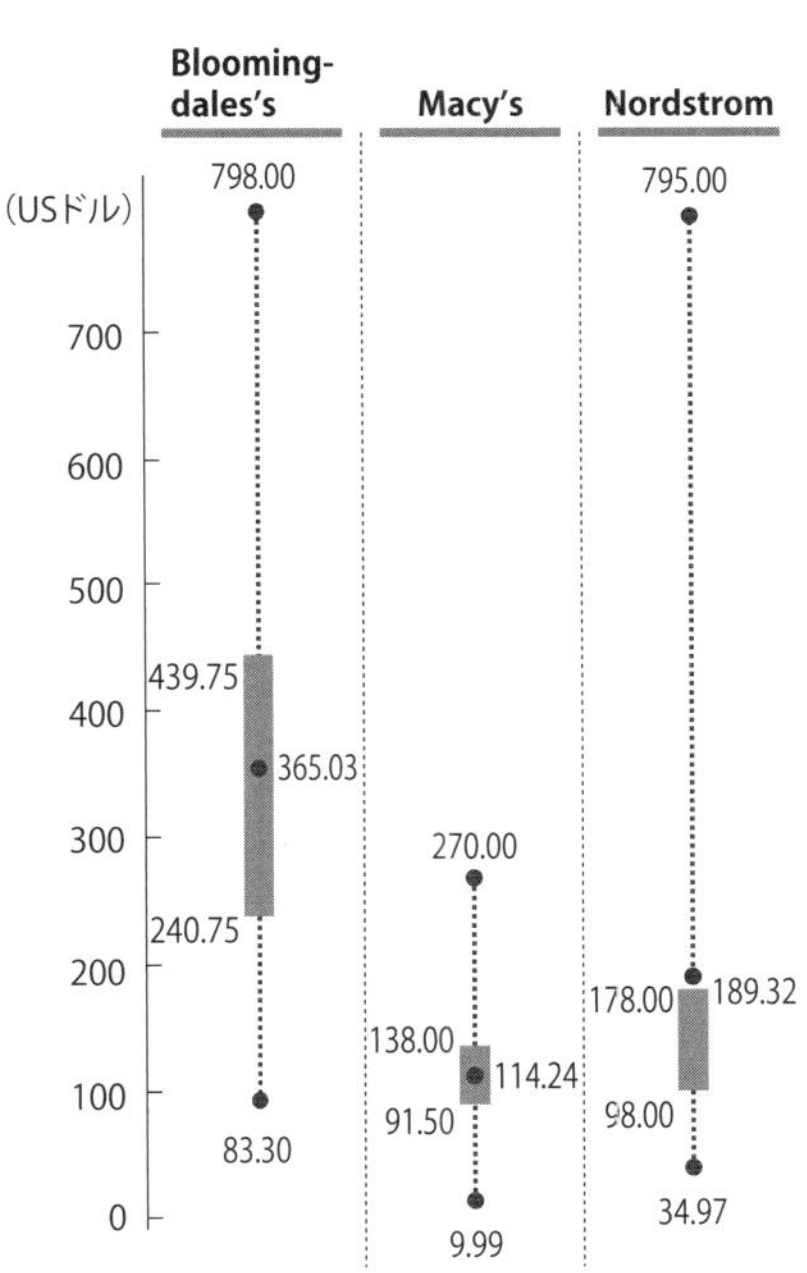

price points (USドル)	7 for All Mankind (47,026)	Diesel (207,152)	G-Star (104,283)	Levi's (76,828)
0–20 (21,537)	324	7,548	2,029	11,636
20–40 (83,222)	3,794	41,597	16,945	20,886
40–60 (71,569)	5,345	33,891	17,809	14,524
60–80 (67,183)	7,965	30,126	17,288	11,804
80–100 (46,722)	8,025	19,920	12,516	6,261
100–120 (36,590)	4,698	15,706	11,409	4,777
120–140 (28,398)	3,024	12,727	8,347	4,300
140–160 (19,373)	2,668	9,720	5,730	1,255
160–180 (12,574)	2,116	6,797	3,343	318
180–200 (12,476)	2,386	6,790	3,014	286
200–220 (7,378)	1,478	4,001	1,698	201

出所：エディテッド（EDITED）のデータをもとにローランド・ベルガー作成

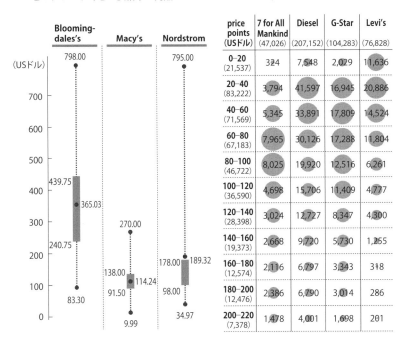

「エディテッド」の活用は、**「プライシング」を最適化することで、この損失を改善する。**

このような分析は、これまで自社での解析が主だったが、「エディテッド」を利用し、競合他社の動きと合わせて分析することで、ユーザー企業の「プライシング精度」は大きく改善している。

とくに国外でECを展開している企業では、国ごとに価格設定や値引きを決める必要があり、過重な業務となっている。「エディテッド」の「プライシング」サービスは、グローバル企業にとって欠かせないサービスだ。

❸他ブランドの広告活動を分析する「プロモーション」

「プロモーション」サービスでは、**各ブランドが過去どの時期にどのような広告をしてきたか、プロモーションの一環としてどのような活動があり、新商品はいつごろ販売されたか**などを、製品カテゴリーごとに確認できる。

ユーザー企業は競合他社のブランドが配信するニュースレターやオンライン広告の分析結果を知ることができるのだ。

「プロモーション」にどのSNSやメディアを用いて、どのくらいの頻度でアップデートされているかなども、ブランドごとに一覧化される。

また、過去数年におけるセール開始日や、新商品のローンチタイミングもわかる。

これらのデータを用いて、競合他社の動向を把握しながら、最適なプロモーション活動へと結びつけることができるのだ。

❹人気の傾向をグラフ化する「プロダクトトラッキング」

「プロダクトトラッキング」では、**リアルタイムで各製品カテゴリーの人気の傾向を確認**することができる。たとえば、レディース向けシャツの購入率、新製品と値引き製品の割合、カラー別の売れ筋分析などだ。

また、世の中のSNSやブログを分析し、カラーやシルエットなどのトレンド情報も提供している。

これらにより、ユーザー企業は各製品カテゴリーのライフサイクルや、半年、1年先のトレンドを簡単に把握できる。

このように、「エディテッド」はオンライン上で収集可能なビッグデータを活用し、**世界最大のファッション情報提供プレーヤー**となった。

オンライン上に無数に散らばるECやSNSの情報が「エディテッド」上に集約されたことで、ユーザー企業はアクセスするだけで、競合比較やリアルタイムのトレンド分析ができる。

2016年には同社のユーザー企業は、平均して15・2%も収益が向上した。事業開始当初からの顧客であるエイソスにいたっては、年間で37%も収益が向上している。

なお、日本のアパレル企業はほとんどがグローバルでのEC展開に出遅れており、エディテッドのサービスが必要なレベルに至っていない。

ユニクロや良品計画のようにグローバル展開できている国内アパレルも、海外でECに取り組んではいるものの、EC化率は進出各国の市場平均よりも低い。

中国ではそれなりに健闘しているが、それ以外の地域ではいまだリアル店舗に頼る部分が大きく、至急キャッチアップが必要だろう。

ケース4

AIを駆使したサブスクリプションモデルで、最も成功しているスタートアップ企業「スティッチフィックス」

▼先進的なスタイリングサービスで大成功

数あるファッションテックのスタートアップの中でも、最も成功しているスター企業が、アメリカの「スティッチフィックス (Stitch Fix)」だ。

「スティッチフィックス」は、2011年に創業したばかりのスタートアップだが、創業

6年で売上げは1100億円を超え、驚異の急成長を遂げている。

同社の**AIによるスタイリングサービス**は、一見シンプルだが、内容はじつに革新的かつ先進的だ。

ユーザーは初回登録時に、サイズや服の好みなどを細かく答えていくだけ。するとAIが作成したロングリストから、パーソナル・スタイリストが定期的に5アイテム選んで郵送してくれる。

郵送サイクルは隔週・毎月・2ヵ月から選べ、ユーザーは気に入れば購入し、気に入らないアイテムは3日以内に返送用の袋で返品できる。

何も購入しない場合はスタイリング料として20ドルかかるが、1アイテムでも購入すれば、購入料金から20ドル割引され、5アイテムすべて購入すれば25％オフとなる仕組みだ。

「スティッチフィックス」は、3000名以上のスタイリストを抱えている。同時に、70名以上のデータサイエンティストを擁し、日々AIおよびビジネスのアルゴリズムを進化させているテクノロジー企業だ。

同社の顧客は2017年末時点で約220万人。

これらのユーザーがどのような服・スタイル・サイズを好み、どのアイテムが売れるか、返品されるかが、**すべてデータとして蓄積され、AIによって学習されていく仕組みが出来上がっている。**

「スティッチフィックス」は大きく分けて、次の3つの分野でAIを活用している。

❶スタイリングと出荷時での活用

まず、スタイリングおよび出荷時だ。

個別のコーディネイト提案を行うにあたり、最初の絞り込みにＡＩを活用していることは述べた。

「スティッチフィックス」では、アイテムだけでなく、**スタイリストの選定や郵送コストを最小化するための倉庫選定にも、ＡＩを活用している**（図表４－２）。

倉庫内の在庫ピックアップも当然、ロボットだ。

アメリカは国土が広いため、スティッチフィックスは複数の倉庫をもっている。届け先に応じて、どの倉庫からどのように商品をピックアップして送れば最もコストが抑えられるのか、アルゴリズムによって自動計算している。

❷需要予測での活用

次に、需要予測だ。

「スティッチフィックス」のビジネスモデルは、マルチブランドで大量の在庫を抱える必要があるため、在庫コントロールは非常に重要だ。

そのため、**トレンドや季節の変化にともなうニーズの変動予測や、予測にもとづく在庫調整**を常に行っている。

図表4-2　スティッチフィックスのスタイリング・出荷フロー

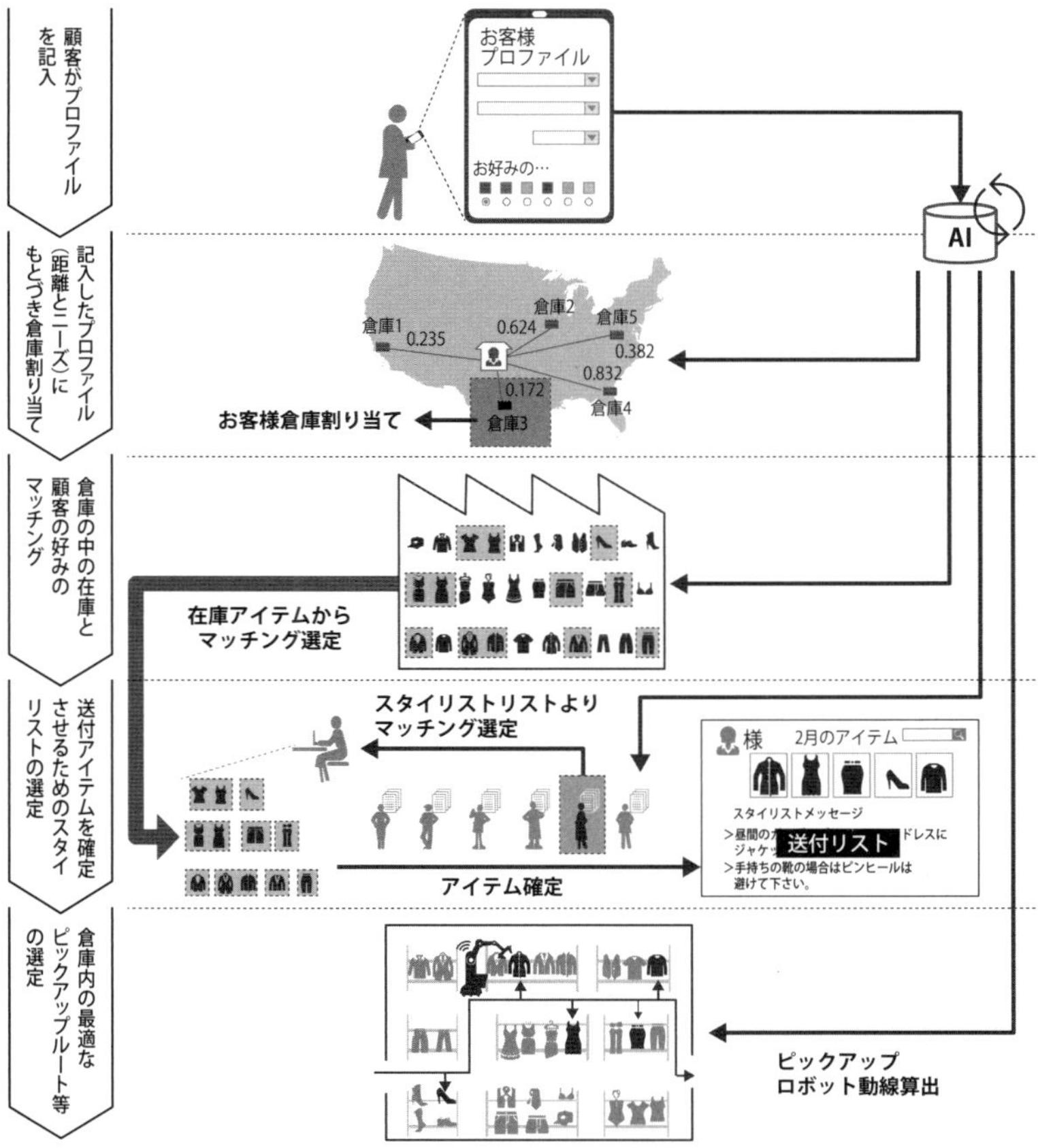

出所：スティッチフィックス（Stitch Fix）のHPをもとにローランド・ベルガー作成

実際に、返品率は年々改善され、需要予測は大きく精度を上げている。売上げ総利益率は直近3年間で9ポイント改善し、2017年は44％となった。

❸プライベートブランドでの活用

そして、デザインにおけるＡＩの活用である。

「スティッチフィックス」は、昨今ＰＢに注力しており、そのデザインに画像解析のディープラーニングを活用している。

全米220万人の好みのテイスト、画像に加えて、日々更新されていく売れ筋・死に筋情報、これらをフル活用して、ＰＢを展開しているのだ。

▼アメリカ人にマッチしたビジネスモデル

このようにテクノロジーを活用する「スティッチフィックス」は、現時点で**「世界最強のファッションデータベースをもっている」**といっても過言ではない。

なぜなら、マルチブランドでどのような好み、テイストにも応えられるため、「スティッチフィックス」に集積するデータがあらゆる消費者を網羅しているからだ。

また、サブスクリプション（定期購買）型のサービスによって、顧客のライフステージに寄り添うレコメンデーションができる。

たとえば、女性が妊娠すればマタニティウェア、子どもの成長に合わせて入学式のスーツといったスタイリング提案もしてくれる。

まさに、先述した「受動的な消費者」の服選びを、長期間サポートできるのだ。

創業者のカトリーナ・レイクCEOは、アメリカのWWDによるインタビューの中で、「**未来の購買行動は、大半がおすすめ機能にもとづくものになる**と思います。1950年代の百貨店のように。当時は信頼していた販売員にいろいろとアドバイスをもらって決めていました。歴史は繰り返します」と述べている。

筆者が考えるに、同社のビジネスモデルと成長を見ていると、この発言には一定の信憑性がある。

アメリカは日本と異なり、モード以外のファッション雑誌の文化がなく、一般人のファッション感度は決して高いとはいえない。多民族国家なので、人々の体型、髪や目の色、身長などもさまざまだ。

すなわち、**市場には自分に本当に似合う服を知らない消費者がたくさん存在し、「スティッチフィックス」はそのような人たちにマッチしたサービス**なのだ。

さらにアメリカ人の合理的な国民性がプラスされて、AIを活用したスタイリングとサブスクリプション型のECが広く受け入れられている。

ファッションに受動的なアメリカの消費者に、ストレスなく楽しく服を買ってもらう新

しい仕組みが「スティッチフィックス」なのである。

ケース5

EC化率40%を誇るメンズスーツのグローバルプレーヤー「スーツサプライ」

▼「店舗にいるようなEC」で、消費者の心をつかむ

「スーツサプライ（Suitsupply）」は、２０００年にオランダのアムステルダムで設立されたメンズスーツのＳＰＡだ。

過去5年間の年平均成長率は24%、２０１７年度の売上げは2・5億ポンド（約３５８億円）に達した。

さまざまなコストを徹底的に見直し、削減した結果、**高級ブランドに劣らない品質の製品をリーズナブルな価格で展開**し、消費者の支持を得ている。

現在、欧州やアメリカを中心に中東、アジアなど22ヵ国に88店舗を構える。

ＥＣにも力を入れ、全世界から注文を受け付けている。

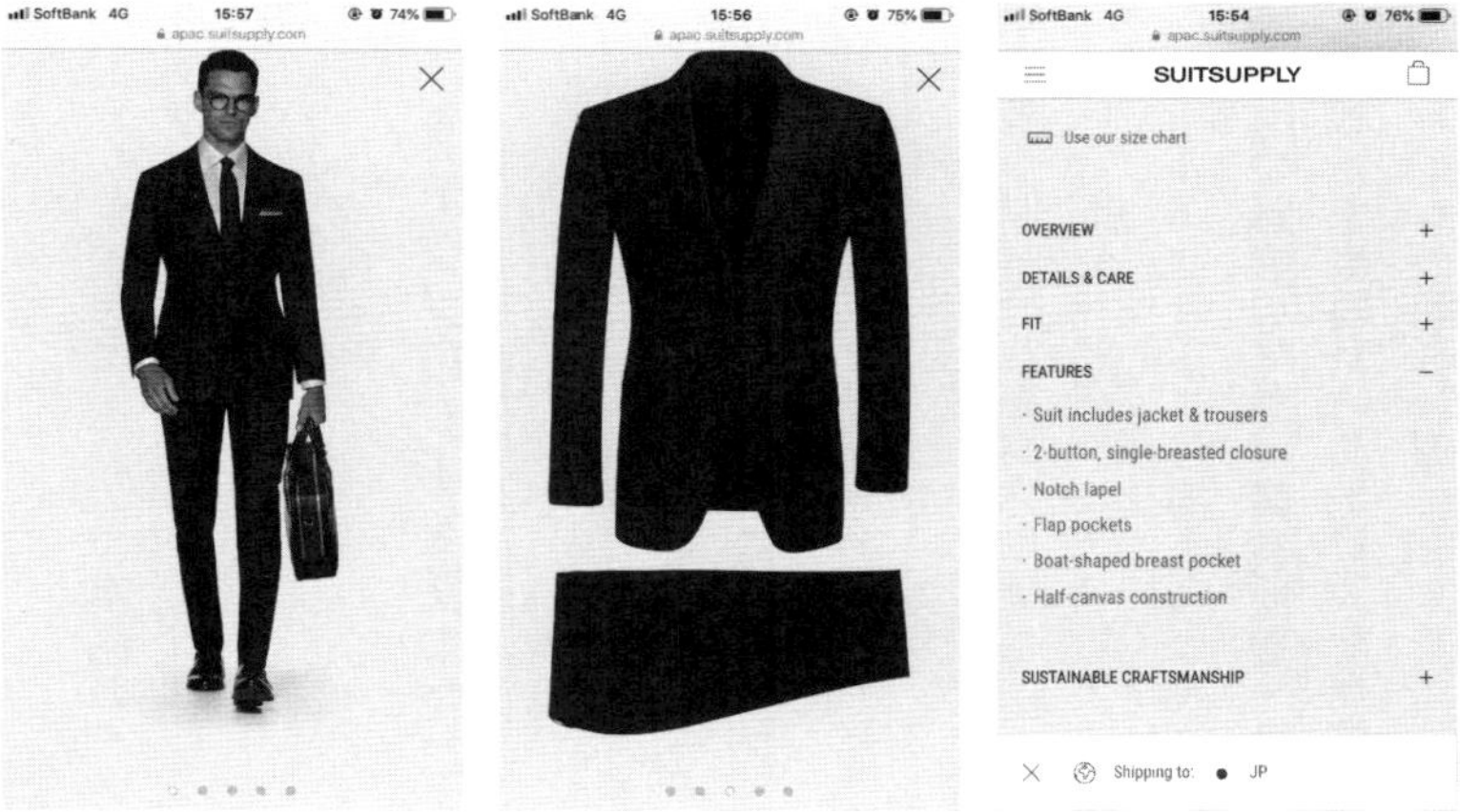

スマートフォンで細部まで確認できる

出所：スーツサプライ（Suitsupply）のウェブサイト
https://apac.suitsupply.com/en/all_napoli/napoli-mid-blue-suit/P5575I.html?cgid=all_napoli&from=suits_overview

近年は、一度店舗で購入した消費者に、ウェブ経由でリピートオーダーをとるビジネスモデルを確立し、EC化率は紳士服としては異例の40％にまで上昇した。

スーツサプライの特徴は、テクノロジーの有効活用によるUXの革新にある。

ウェブページでは、多言語対応やスマートフォン対応に加えて、**生地やフィット感、襟やポケットなど、スーツを購入する際に検討したいポイントが明確に表示されている。**

また、縦長で全身が映る大きな写真を用いることで、スーツ着用時のイメージがわかりやすい。細かい柄や模様もワンクリックで確認できる。

仕立てのカットや肩パッドの有無、ポケットの形などはスクロールで簡単に見られるため、ストレスなく商品情報を確認できる。

こうした工夫によって、**商品のイメージや細部の情報を、ウェブ上であたかも店舗にいるかのような感覚で伝えられるのだ。**

▼テクノロジーを使ったコミュニケーション

また、常に最良の接客をするために、テクノロジーの積極的な導入をはかっている。

まず、あげられるのは**「コミュニケーションツール」の活用**だ。

いままでのメールやコールセンターベースのサービスだけでなく、**「ウィーチャット」や「ワッツアップ」などのメッセンジャーアプリ経由で、店頭のスタイリストに直接相談できる。**

簡単な問い合わせ対応には、「チャットボット」を活用し、あらゆる言語に対応する。

また、顧客情報管理には、クラウドサービスの「セールスフォース」を導入している。

セールスフォースの導入によって、顧客からのいかなるコンタクトであっても、**店側がただちに顧客の年齢・購買履歴・サイズ・好みなどの個人情報にアクセスし、一人ひとりに応じたきめ細かいサービスを提供**している。

アパレルの顧客管理にセールスフォースを導入し、本格的に取り組んでいる事例は珍しいが、スーツサプライはまさに好例といえる。

アメリカでは２０１６年にウーバーと提携し、配送サービスの向上にも取り組みはじめた。

このように、「スーツサプライ」はテクノロジーの積極的な導入によりＵＸの向上をはかり、顧客からの絶大な支持を得ることによって、グローバルで成長を遂げた。

ケース6

「サステイナビリティ（持続可能性）」をブランドコンセプトにして急成長を遂げる「リフォーメーション」

▼環境に配慮したブランドコンセプト

時代の空気を読んだ独自の「ブランドストーリー」と、効果的な「デジタル活用」によって急成長を遂げた企業がある。

サステイナビリティ（持続可能性）をブランドコンセプトとして、２００９年にアメリカで発足した「リフォーメーション（Reformation）」だ。

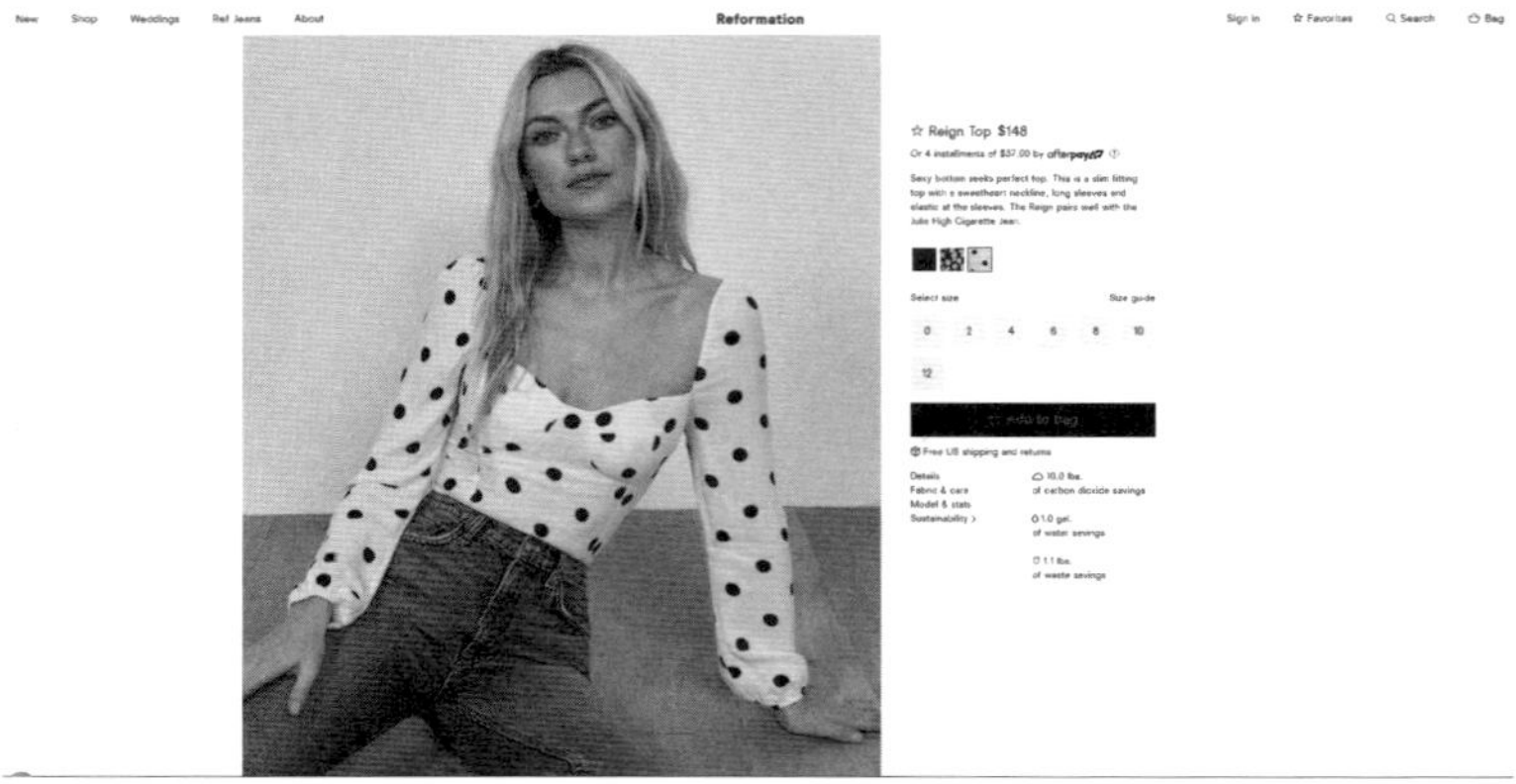

環境にどの程度優しいか数値でわかる商品ページ

出所：リフォーメーション（Reformation）のウェブサイト
https://www.thereformation.com/products/reign-top?color=Comet&via=Z2lkOi8vcmVmb3JtYXRpb24td2VibGluYy9Xb3JrYXJlYTo6Q2F0YWxvZzo6Q2F0ZWdvcnkvNWE2YWRmZDNmOTJlYTExNmNmMDRlOWM5

同社は、商社やOEMメーカーといった中間業者を介さず、自社で企画、製造、販売、発送まで一貫して行うSPA企業である。

２０１４年度の売上げは約25ミリオンドル（約26億円）、２０１７年度の売上げは約１００ミリオンドル（約１１２億円）と、３年で約４倍に成長した。

同社の特徴は、ブランドコンセプトである**環境への配慮**だ。

商品には、デッドストック（長期在庫）や環境に配慮した天然素材（非石油ベースのテンセルやビスコース等）が使われている。デッドストック素材を使用した製品は販売量が限られるため、その希少価値も魅力のひとつだ。

店舗や本社にも、随所に環境への配慮が工夫されている。

また、ECサイトの各商品ページでは、**水の使用量やCO_2の排出量、原材料の破棄量など**、その商品がどの程度環境に優しいかを示した数値を見ることができる。

そしてアカウント登録を行ったユーザーは、これまでの購入でどの程度、環境負荷を軽減できたかをマイページから確認することができる。

実店舗でも、店内のタッチスクリーンから同様の情報が見られる。

これらは**原材料調達から生産・販売まで一貫したトレーサビリティ（商品の流通経路を生産から消費あるいは廃棄まで追跡を可能とすること）が実現できている**からこそできる。

こうした工夫で、「環境に優しい」という価値を、消費者にわかりやすく訴求している。

▼店員と話さなくてもすむ試着プロセス

同社はEC化率が80%を超えているものの、全米に8つの実店舗を有している。

このうちの数店舗は、実店舗（オフライン）での購買体験をオンラインに近いものにするための工夫がなされている。

実店舗のメリットは、実物を手にとって試着可能な点だが、ミレニアル世代以下には店員に話しかけられることを煩わしく思う人が多い。

そのため、いくつかの実験店舗において、**店員に話しかけられずに、ひとりで商品を選**

べるような設計・オペレーションが試みられている。

その最大の特徴は**「試着プロセス」**にある。

顧客は、試着したい商品・サイズを店内に設置されたタッチスクリーンから選択し、試着室に案内される。

試着室には、試着室内外からアクセスできるクローゼットが設置されており、選んだ商品は、あらかじめここに店員が入れておく。

もし別の商品やサイズを試着したくなった場合は、試着室内のタッチスクリーンから商品を選択すれば、再び店員がクローゼットへ商品を補充する。

これによって店員と顧客の直接の接点がなくなり、顧客は店員の目を気にせずに好きなだけ試着を行うことができる。

また、試着室ではタッチスクリーンから好みの音楽・照明を選ぶことができるなど、顧客が自分好みの空間で、快適に商品を選ぶための工夫が凝らされている。

このようにリフォーメーションは、実店舗においても効果的にテクノロジーを活用している。

その背景には、ターゲットであるミレニアル世代以下の消費者に対する深い理解がある。

たんに、**「エシカル」**（もともとは倫理的という語意だが、近年は環境保全や地域・社会への考慮といったニュアンスとしてとらえられている）なブランドに終わらない。

「エシカル」と「テック」を掛け合わせている点が、同社の独自性である。

ケース7

すべてを飲み込む「アマゾン」の野望

▼1兆ドル企業のスケール感

アマゾンという会社は、とにかくスケールの大きい会社である。

なぜなら、**創業以来、売上げは右肩上がりだが、利益はそれほど出していない。ユーザーに対する提供価値を高めるための、さまざまな研究開発投資を続けているからだ。**株主に対する配当もいまだに行っていない。

シリコンバレーには、**「配当をはじめた会社は、成長余地が枯渇しつつある会社だ」**という見方がある。

そんな中、アマゾンはグローバルで約20兆円の売上げになった現在も無配当を継続しており、株価を上昇させる成長戦略を実行することで株主に報いている。

そして、その旺盛な成長・投資意欲はいま、アパレル領域に向かいつつある。

アメリカの調査会社コーエン社によれば、アメリカのアパレル市場におけるアマゾンのシェアは、**2016年の6・6%から、2021年には16・2%に拡大する見込み**だ。

売上げベースで概算すると、5年間で約2・3兆円から約6・5兆円にまで拡大する計算だ。

アマゾンは「総合系プラットフォーマー」としての覇権争いに勝利し、アメリカ市場ではすでに一強状態となっている。

ほとんどのブランドが直販だけでなく、アマゾンで販売していることが大きいが、それ以外にも2つの理由が存在する。

❶膨大なデータの蓄積をしている

「プライムワードローブ」や**「エコールック」**といったテクノロジーを活用した新サービスは、消費者をとらえて離さない。

「プライムワードローブ」は有料のプライム会員が対象で、**購入前の服を自宅で試着できるサービス**だ。

まず、アマゾンのファッションカテゴリーにある商品から3点以上を選択すると、専用ボックスで商品が配送される。

ユーザーは1週間自由に試着し、気に入らないものは同じボックスに入れて返送する。返送料は無料で、気に入った商品はそのまま購入できる。

2018年、アメリカに続き日本でもついに導入され、今後浸透が進むだろう。

また、アマゾンは大ヒット商品の音声AIスピーカー、アマゾンエコーの別モデルとして、「エコールック」を発売している。

「エコールック」には、音声ＡＩスピーカーとしての機能に加え、自撮り用のカメラ機能がついている。そのカメラ機能を使うと、簡単に全身撮影が可能だ。

背景のぼかしやピント調整もすべて自動でやってくれるので、**ユーザーはストレスフリーで全身が入ったベストショットを撮れる。**

撮影した写真を自らのＳＮＳに投稿したり眺めたりするだけでなく、「スタイルチェック」という専用のアプリを使えば、撮影した写真をもとに**ＡＩによるコーディネイトアドバイスや提案を受けられる**のだ。

アマゾンはこれら一連のサービスを通じて現在、膨大なファッション関連データを蓄積している。

近い将来、これらのビッグデータにもとづいたさまざまなサービスが可能となるだろう。

たとえば、ユーザーの好みに応じて、季節ごとに「プライムワードローブ」が提案アイテムを送ってきたり、「エコールック」のＡＩコンシェルジュと相談したアイテムを、「プライムワードローブ」ですぐに試着できたりするようになるだろう。

蓄積された購買履歴は、消費者のクローゼットとなり、アプリから過去に買ったアイテムを使ったコーディネイト提案がされるかもしれない。

「スティッチフィックス」のようなサブスクリプション型の定期配送サービスも、近い将来導入されると目される。

アマゾンがファッションのコーディネイトからデリバリーを担い、消費者のクローゼットとなる世界が、アメリカではすでに実現している。

❷ナマの情報を活かしたプライベートブランド

アマゾンのアパレル売上げが拡大する2つめの理由が**「プライベートブランド」**だ。

2016年にアマゾンがアパレルのPBを立ち上げた当初、ブランド数は7だった。それが2018年4月には、65にまで拡大している。

図表4-3で示すように、この中でアマゾンの名前がブランド名に入っているものは「アマゾン・エッセンシャルズ」だけだ。そのほかは、ぱっと見ではアマゾンのPBであることはわからない。

商品の詳細をクリックすると「An Amazon Brand」と書いてあることから、PBと判別することができるが、PBであることを知らずに買っている消費者も多い。

アマゾンは各PBにおいて、**ブランドのポジショニングやターゲットに応じたブランディング**を行っている。モデルや画像デザインをPBごとに変え、ユーザーはあたかも普通のアパレルブランドのような印象を受ける。

売上げは、2017年で40億~50億円程度と推測されているが、2016年に立ち上げたばかりなので成長率はかなりのものだ。

なかでも「Lark&Ro」というレディースのキャリア向け中価格帯ブランドが好調で、現

図表4-3　アマゾンのアパレルPB一覧（2018年4月時点）

区分	ブランド名	主な取扱商品
レディース	> Camp Moonlight	>カジュアルウェア
	> Daily Ritual	>カジュアルウェア
	> Essentialist	>カジュアルウェア
	> Hayden Rose	>カジュアルウェア
	> Plumberry	>カジュアルウェア
	> True Angel	>カジュアルウェア
	> Lark& Ro	>キャリアファッション
	> Painted Heart	>キャリアファッション
	> Paris Sunday	>キャリアファッション
	> Signature Society	>キャリアファッション
	> Suite Alice	>キャリアファッション
	> Wild Meadow	>キャリアファッション
	> Denim Bloom	>デニム
	> HALE	>デニム
	> Indigo Society	>デニム
	> Lily Parker	>デニム
	> Madison Denim	>デニム
レディース	> Core 10	>スポーツウェア
	> Mint Lilac	>スポーツウェア
	> Coastal Blue	>水着
	> Ocean Blue	>水着
	> The Fix	>靴、バッグ
	> The Lovely Tote Co.	>バッグ
メンズ	> Crafted Collar	>ベーシックアイテム
	> Clifton Heritage	>カジュアルウェア
	> Goodthreads	>カジュアルウェア
	> Isle Bay Linens	>カジュアルウェア
	> Quality Durables Co.	>カジュアルウェア
	> Trailside Supply Co.	>カジュアルウェア
	> Wood Paper Company	>カジュアルウェア
	> Buttoned Down	>シャツ、ポロシャツ
	> Comfort Denim Outfitters	>デニム
	> Rugged Mile Denim	>デニム

区分	ブランド名	主な取扱商品
レディース	> Mariella Bella	>フォーマルドレス
	> Savoir Faire	>フォーマルドレス
	> Social Graces	>フォーマルドレス
	> TheCambridgeCollection	>フォーマルドレス
	> Velvet Rope	>フォーマルドレス
	> Cable Stitch	>セーター
	> Ugly Fair Isle	>セーター
	> Haven Outerwear	>アウター
	> The Plus Project	>アウター
	> 7Goals	>下着、ルームウェア
	> Arabella	>下着、ルームウェア
	> Mae	>下着、ルームウェア
	> Madeline Kelly	>下着
	> The Luna Coalition	>ルームウェア
	> The Slumber Project	>ルームウェア
	> Stocking Fox	>ストッキング
メンズ	> Good Brief	>下着
	> Peak Velocity	>スポーツウェア
	> Leather Architect	>革製小物
レディース&メンズ	> Amazon Essentials	>ベーシックアイテム
	> SomethingForEveryone	>カジュアルウェア
	> Rebel Canyon	>スポーツウェア
	> Goodsport	>スポーツウェア
	> 206 Collective	>カジュアルシューズ
	> Kold Feet	>靴下
	> Smitten	>医療専門職向け作業着
キッズ	> Moon and Back	>乳児用ウェア
	> A for Awesome	>ベーシックアイテム
	> Scout + Ro	>ベーシックアイテム
	> Kid Nation	>カジュアルウェア
	> Spotted Zebra	>カジュアルウェア
	> Emma Riley	>女児向けドレス

出所：各種資料をもとにローランド・ベルガー作成

在売上げの約3分の1を占めている。ユーザーレビューによると、コストパフォーマンスや着回しのよさが評価されているようだ。

▼アパレル企業はアマゾンとどう付き合うべきか

筆者は、実際にアマゾンのPB商品を購入してみたが、正直、現時点の商品のレベルは決して高いとはいえない。

コストパフォーマンス・質・デザイン性などにおいて、ベンチマークとなるグローバルSPAのブランドと比較しても、まだ勝てるレベルにはないと思う。

アジアのOEM・ODM（Original Design Manufacturing：製品の生産だけでなく、デザインも担当するプレーヤー）への委託によって、工夫もなくつくられたことがわかってしまう商品が多い。

しかしながら、「なんだこんなものか」とタカをくくっていると、数年後には状況がまったく変わってしまうと筆者は考えている。

アマゾンのアパレルPBは現在、まだ研究開発投資段階である。

言い方を変えると、まだ試行錯誤と仮説検証を進めている段階で、消費者にどのようなPBが受けるか、どのような生産方法がいいか、どれくらいの価格帯がいいかなど、**さま**

ざまな可能性を試している段階だ。

そしてその先にある、アマゾンの強みであるビッグデータとデジタル活用によるマス・カスタマイゼーションＰＢのあり方を模索しているのだろう。

実際、アマゾンはこれまでの服づくりとは異なる、自動化が進んだオンデマンドアパレル製造システムを構想し、２０１７年にはいくつかの技術特許を取得している。

さらに、音声ＡＩ「アレクサ」を搭載したＡＩスピーカーを普及させたことで、消費者の生活情報の蓄積をはじめている。

このビッグデータは、これまで企業が知りたくても手に入れることができなかった消費者のナマの生活、家の中の生活情報が蓄積されている宝の山だ。

アマゾンは今後、これらの情報をプライベートブランドの開発に活かしてくるであろう。**「情報の蓄積から開発・生産までをデジタルにつなぐ」**というアマゾンの構想が実現したとき、そこで生まれるＰＢは、消費者にとって間違いなく価値のある製品になる。

また、アマゾンはプライベートブランドの企画・生産・販売で培ったノウハウを今後、「ＡＷＳ」のような形で企業にサービス提供していくかもしれない。

とくに、マス・カスタマイゼーションが実現した際には、その生産システムやアプリケーションをアパレル企業に対し、クラウドサービスとして展開していくのではないだろうか。

したがって、**アマゾンのＰＢ展開は多くのアパレル企業にとって脅威になるだけでなく、**

機会にもなる。

「AWS」をはじめとするアマゾンのB to Bサービスをいかにうまく活用するか、アマゾンとの協業と棲み分けをどう実現するかが、今後アパレル企業にとって経営課題となるだろう。

ケース8

マス・カスタマイゼーションで急成長を遂げる中国「衣邦人」

▼中国で急速に進むデジタル化

最近ようやく日本でも知られてきたが、**中国の消費社会は日本よりもデジタル化が進んでいる。**

もともと日本のようにしっかりとした生活インフラがなかったため、スマートフォンを軸としたデジタル化がいっきに進んだ。具体的には、**「アリペイ」などの電子決済や「ビンゴボックス」などの無人コンビニ**の普及などである。

ちなみに、このような**生活基盤の弱い新興国が、いっきにデジタル化して日本を抜き去る**という現象は、中国だけでなくＡＳＥＡＮ諸国などでも随所に見られる。

さて、中国のこのような急速なデジタル化は、アパレルにおいても同様に起こっている。**中国市場のアパレルＥＣ化率は、すでに25％を超え日本の約２倍**だ。その中で現在、マス・カスタマイゼーションがブームとなりつつある。

たとえば、メンズのシャツやスーツをオーダーで展開する「衣邦人（YBREN.com）」は、２０１７年の12月期の売上げが50億円を超えるまでに成長し、売上げは年々倍増している。「衣邦人」の成功には、大きく２つの背景がある。

❶ＳＭＬではおさまりきらない多様性

ひとつめに、体型のバラツキが大きい中国では、既成のサイズ展開ではカバーしきれず、**サイズのカスタマイズが価値になる**ことだ。

図表４-４に示すように、中国では南北で女性の平均身長に10センチの差があり、骨格や体型もかなり異なる。

当然、必要なサイズ展開も地域により異なるため、日本のようにＳＭＬのサイズ展開では間に合わない。

じつは、標準的なサイズ展開で消費者の大多数をカバーできる日本は、グローバルではむしろ特殊である。

図表4-4　中国女性の地域別平均身長

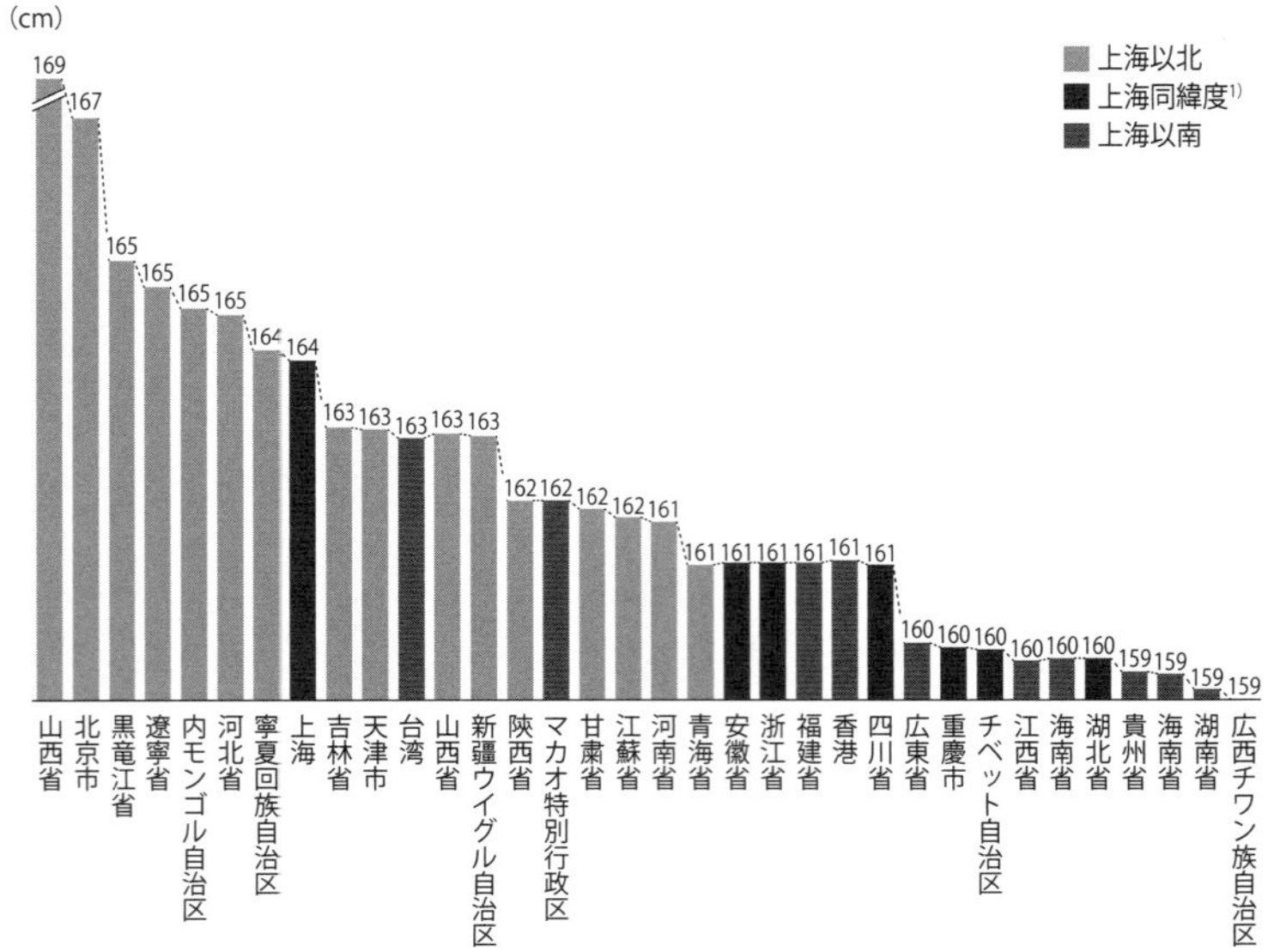

1）上海は緯度31°に位置し、黒竜江省47°と海南省18°のほぼ中間に存在。
出所：エキスパートインタビュー、中华人民共和国国务院新闻をもとにローランド・ベルガー作成

中国のように、**市場全体をカバーするために多くのサイズを展開するほうが、世界では標準的**だ。

アメリカのような多民族国家になると、これに加えて肌や髪の色の多様性も出てくるので、サイズやカラー展開は、アパレル企業にとってキーポイントとなる。

このように体型のバラツキが大きい中国では、とくにフィット感が価値となるメンズのスーツやシャツにおいて、岩盤の「カスタマイズニーズ」が存在する。

このニーズに対して、ＥＣを用いたリーズナブルな生産販売システムをいち早く確立したのが衣邦人なのである。

❷人海戦術という中国らしさ

成功の２つめの背景にあるのは、衣邦人が構築した**「採寸師」**というシステムだ。

採寸師とは、いわば出張計測サービスで、**消費者がアプリ経由で計測を申し込むと、同社が抱える採寸師が消費者のもとを訪れ、サイズを計測する**というものだ。

マス・カスタマイゼーションにおいて、採寸・計測は乗り越える必要のある高いハードルだ。

実際、各社スマートフォンのアプリやＺＯＺＯＳＵＩＴのように技術を駆使しつつ、試行錯誤で「デファクトスタンダード（技術標準）」の構築に取り組んでいる。

その領域を「人海戦術」であっさり乗り越えてしまうあたりが、中国企業らしいユニー

アプリで簡単に計測を申し込める
出所：衣邦人の公式アプリ

クな発想だ。

顧客体験としては、**実際に採寸してもらったほうが安心感があるし、満足度も高い**という人が多いだろう。

衣邦人は、人とテクノロジーを組み合わせた価値創造の好事例である。

このように、**デジタル化とサイズ展開の必要性は、マス・カスタマイゼーションの大きなドライバーであり、その点において日本市場よりも中国やアメリカのようなグローバル市場のほうが成長の素地がある。**

ケース9

アジアの工場から直接服が買える、シンガポール発のマーケットプレイス型EC「ジリンゴ」

▼BtoCとBtoBの融合

本章の最後に、**シンガポール発のファッション特化型ECの「ジリンゴ（Zilingo）」**を紹介したい。

本書で取り上げた9つのケースの中では最も新しく、文字通りスタートアップ段階の企業だ。

ジリンゴは、ビジネスモデルの独自性や成長率が高く評価されており、**東南アジアのユニコーン企業（未上場で時価総額が1000億円を超える設立10年以内の企業）として注目**を浴びている。今後グローバル規模で、業界に旋風を巻き起こす可能性がある。

ジリンゴは2015年にインド人の女性起業家アンキティ・ボーズ氏により設立された。ビジネスモデルとしては、楽天のようにさまざまな出店者が集まるマーケットプレイス型のECだが、**ユニークな点はBtoCとBtoBサイトの両方を運営している**ところだ（サイト自体はそれぞれ分けて運営している）。

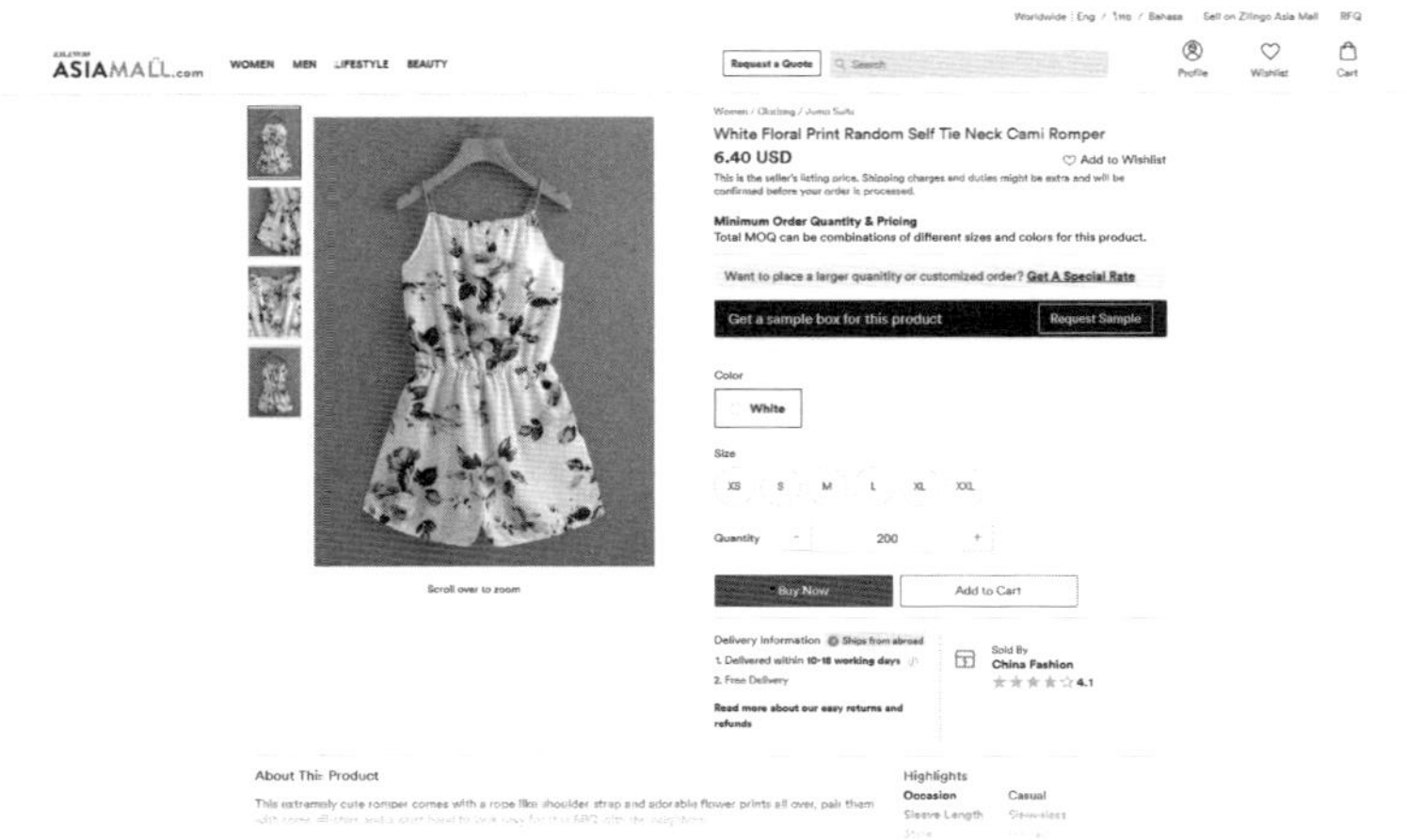

直接ブランドと取引できるB to Bサイト

出所：ジリンゴ（Zilingo）のウェブサイト
https://zilingoasiamall.com/en/product/details/PRO4780291185?color=white&zl_a_st=sub_category&zl_a_si=WCLJUM&zl_a_o=2&zl_a_pid=SCR-1555045488346-21492e53-3871-4292-9674-8645c69c7f49

アンキティ氏は、**アジアに広がるアパレルの工場において、労働者が過酷な環境の中、低賃金で働いていることを問題視**している。

そして、その問題解決のために、自前のサイトをもたない零細小売業者や中小工場に、エンドカスタマーと直接取引できるプラットフォームを提供している。

このエンドカスタマーとは、消費者の場合（B to C）もあるし、アパレルブランドの場合（B to B）もある。

つまり、これまで商社を経由して先進国のアパレルブランドと取引していた工場は、「ジリンゴ」のB to Bサイトを利用することによって、直接ブランドと取引ができるようになる。

アパレルブランドや消費者と直接つながることで、零細小売業者や中小工場は幅広くビジネスを展開できるようになり、利益率もアップする。

さらに、ジリンゴはデジタル化が困難な零細企業に対し、人事や電子帳票のクラウドサービスの無料提供やファイナンスの仲介など、**旧態依然としたアパレル業界の裾野からのデジタル化とネットワーク化を推進**している。

売上げは、設立3年目の2017年時点で185万シンガポールドル（約1・5億円）であったが、2018年は約4倍の売上げ成長を遂げたようだ。そして、その売上げの4分の3をB to B取引が占めている。

2017年の売上げ1・5億円と聞くと小さく感じるかもしれないが、仮に2018年の成長率を維持すると2020年には売上げ100億円、2022年には1000億円を超える可能性がある。

現在は、バングラデッシュやインドの工場との取引が主だが、今後はカンボジア、スリランカ、ベトナム、フィリピン、インドネシア、オーストラリアにも進出予定だ。**アジアから衣服を調達する際のサプライチェーンプラットフォーム**を目指しており、将来商社やOEM企業の役割を代替していくかもしれない。

成長力とビジネスモデルの独自性が、名立たるベンチャーキャピタルからユニコーン企業として認められ、企業価値が1000億円を超えた背景だ。

安定したガラパゴス市場の日本とは異なり、成長し続けるグローバル市場では、このようにテクノロジーを活用したさまざまな新興企業が業界構造を変えに来ている。そこでは、ディスラプト（創造的破壊）するか、されるか、瀬戸際の戦いが繰り広げられているのだ。

第4章　エッセンス

◆世界では、テクノロジーをうまく活用したアパレルのスタートアップ企業が急成長を遂げている。その多くが設立15年以内の若い企業であり、まさにテクノロジーを起点としたビジネスモデルの新陳代謝が起きている。

◆ここで取り上げた9社はいずれもデジタル面で興味深いが、大前提としてビジネスモデルに独自性がある。たとえば、デジタルとアナログもうまく組み合わせ、価値を生み出すことに成功している。

◆ガラパゴス化した国内市場にいると、アマゾンを除き紹介した企業の脅威はまだ感じられないかもしれない。ただし、越境ＥＣが当たり前となっていく中、今後はそうもいっていられない変局点が必ず来る。経営者はそのときに向けて、準備を進める必要がある。

第5章

2030年の消費市場は、どうなっているのか

▼2030年に私たちは、どのように服を手に入れるのか

「今日のコーディネイトは、シャツがユニクロ、ジーンズがZOZO、スニーカーはアディダス。ポイントはすべてAIの**パーソナルアシスタントを活用して自分好みのサイズ・デザインにカスタマイズ**している点かな。パーソナルオーダーなら、簡単だし、自分にあった提案をしてくれるし、コストパフォーマンスが高いから大好き」

「着ている服のブランドは覚えてないけど……。今日の服はすべて**定期宅配サービス**で買ったものよ。毎回新しい提案があるし、友人からの評判もいいし、**何よりも専用アプリでワードローブの管理ができて、毎日のコーディネイトを提案してくれる**のが便利。いつ何を着たか、彼氏の前での過去の服装もすべてアプリで確認できるわ。服にはICタグがついていて使用状況も管理してくれて、**クリーニングや着なくなった服の買い取り提案**までしてくれるの」

2030年には、巷の人々からこのような声が聞こえてくるのではないだろうか。
読者のみなさんはどのように思われるだろう。
本書ではここまで、アパレル市場の概況とテクノロジーが業界におよぼすインパクトに

ついて、さまざまな事例を交えながら説明してきた。ＡＩによってパーソナライズされた一人ひとりへのコーディネイトの提案や、自分好みの服が自動的に送られてくるサービスなど、消費者とアパレルの関係が、大きく変わろうとしている。

本章では、本書のテーマである「２０３０年に向けてアパレル市場はどのように変わっていくのか」、まずは消費市場全体から見ていきたい。

▼オンラインとオフラインを融合したビジネスモデル

図表5-1は、日本の小売市場全体におけるチャネル別シェアの予測である。商品カテゴリーによって差はあるが、２０３０年の全体平均では、国内のＥＣ化率は３割弱にまで近づくと予測されている。

アパレルは消費財の平均よりもＥＣ化率が高いので、２０３０年には3割を超える可能性が高いだろう。

アパレルＥＣ化率30％という値は、諸外国と比べると決して高い値ではない。２０１８年時点で、中国のアパレルＥＣ化率は25％、アメリカは20％であり、これらの国では２０３０時点で40％を超える可能性もある。

２０３０年の社会では、ネットとリアルは完全に融合し、対立概念ではなくなる。

図表5-1　チャネル別の流通額シェア[1]の推移

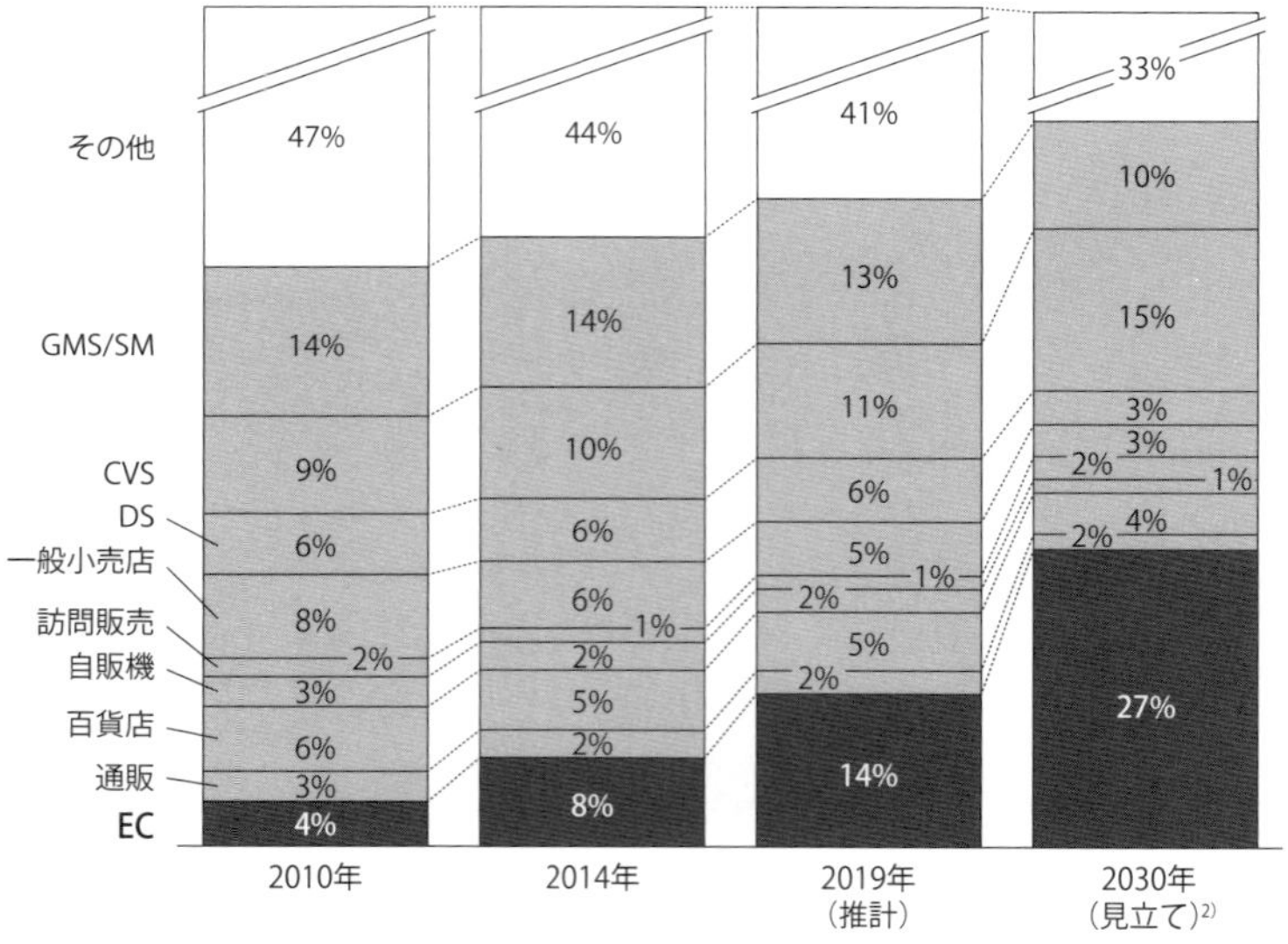

1）日用品、食品・飲料、衣料、家電、一般用医療品等。
2）2014～2019年の市場規模の年平均成長率より2030年時点の流通のシェアを推計し、想定される変動要素を勘案した上で見立てを予測。
出所：ユーロモニター社のデータをもとにローランド・ベルガー作成

たとえば、スマートフォンで好きなブランドのプロモーション情報を受け取る。外出先で思い出し、実際に店舗で確認する。気に入ったが持ち帰るのが億劫《おっくう》なので、その場でウェブ注文する。

このように、**ネットとリアルを行き来する消費行動が当たり前になる**だろう。

実際、デジタル消費の先進国である中国では、アリババグループの創業者であるジャック・マー氏が**「ニューリテール」**という概念を提唱している。

「ニューリテール」とは、簡単にいえば**オンラインとオフラインを融合し、相乗効果を高めるO to O（Online to Offline）型のビジネスモデル**である。

中国では、すでにスマートフォンのアプリやウェブとオフラインを連動させるマーケティングが盛んに行われている。**オンラインとオフラインを合わせていかにユーザー体験を高めるかが、アパレルや小売の成功の鍵**とされているのだ。

今後このような動きが加速化し、「ニューリテール」で提唱されたような世界に近づくことは間違いない。

ただし、「ニューリテール」のあり方、すなわちオンラインとオフラインの組み合わせによるユーザー体験がどんなものになるかは、国や地域によって差が生じる。

たとえば日本と中国では、消費社会を取り巻く環境や消費者の嗜好が異なる。

そこでは、O to Oの成功事例も、20～30年後に来る将来的なEC化率の上限値、すなわちオンラインとオフラインがバランスするポイントも異なるだろう。

ただ**確実にいえるのは、当面、少なくとも2030年までは、日本を含む世界中でEC化率は上昇し続ける**ということだ。

▼業界構造が大きく変わる理由は3つある

このようにEC化率が高まり続ける今後10年間、リテール（小売）を構成するプレーヤーには、どのような変化が起きるのだろうか。

筆者が考える**一番大きな変化は、リテールを分類する軸としての業態軸が意味をなさなくなり、新しい価値軸が重要となる**ことだ。

現在、人々がリテールプレーヤーを語る際、コンビニ、百貨店、ドラッグストアといったいわゆる業態が切り口となることが多い。実際、業界研究や市場分析においても、「百貨店市場がX兆円を割る」というように、業態軸で語られるのをよく耳にするだろう。

しかしながら、ビジネスの実態としては業態を超えた競争や提携が増え、**ひとつの業態にしぼった分析は意味をなさなくなりつつある。**

たとえば、コンビニがドラッグストアやディスカウントストア、ECなどさまざまな業態と競合していることは想像がつく。

業態により棲み分けができた時代はとうに終わっているのだ。

それでは、これからの時代、リテールを区分するのに意味のある軸とは何だろうか。

それは**「価値軸」**である。リテールプレーヤーが、**消費者に対して提供する価値による区分けが意味をなす**のだ。

価値軸の詳細は後述するとして、なぜ価値軸が重要となるのか、背景にある3つの構造変化についてまずはご説明したい。

▼【理由1】消費者の価値観が、さらに多様化する

まず、消費者における価値観の多様化がある。

第1章でも触れたように、日本ではフォロアー層と呼ばれる「自らの価値観が希薄でトレンドに流されやすい中間層」が巨大なマスマーケットを構成していた。

しかしながら、消費社会の成熟化、デジタル化にともない、現在フォロアー層はさまざまなグループに分かれ、**独自の価値観をもった消費者セグメントを形成し、異なる消費行動をとりはじめている。**

この消費者セグメントは、世界中のほとんどの国・地域で、8つのセグメントに分けられることが判明している。

簡単に各セグメントの特徴を説明しよう。

❶「ライフスタイル追求」層

アウトドアや音楽のように好きなアクティビティや趣味・嗜好がはっきりしており、それらが生活の中心になっている人たちである。

日本では団塊ジュニアからミレニアル世代まで幅広く存在し、一定の割合を形成している。

ライフスタイルの一環として、ファッションに対する関心が高いセグメントであり、なかにはファッションが生活の中心となっている、いわゆる「ファッショニスタ」（オタク的にファッションが好きな人）も含まれている。

❷「消費志向」層

高収入で都市部に住み、快適なアーバンライフとバケーションが生活の中心となっている人たちである。

日本であれば東京23区、グローバルではニューヨーク、ロンドン、上海、シンガポールなど、ビジネスの中心となっている大都市のエリート層に多い。

フローリッチが多いため消費意欲は全般的に高く、**ラグジュアリーに対する消費も8つのセグメントの中で最も多い**。

アメリカでアクセシブルラグジュアリーを買い支えているHENRY層も、このセグメントに含まれる。

❸「伝統重視・保守」層

伝統を重んじ、最も**コンサバティブな価値観をもつ人たち**である。

年齢層は全般的に高く、日本では団塊世代に多い。日本ではこのセグメントの割合が諸外国と比較して高い。

ファッションに対するセンスや感度は高くなく、総じて保守的である。**地位や所属階級に合わせた服装やオケージョンに対しては意識が高く、収入がある世帯であれば一定のアパレル支出を行う**セグメントといえる。

❹「人間・家族重視」層

家族や友人との関係性構築を価値観の中心に据えており、中産階級に多い人たちである。モノ・コトに対する優先順位ではレジャーや旅行、スポーツ、パーティなどのコト消費にお金をかける傾向が強い。

ファッションに対する関心や消費性向は高くないものの、所属するコミュニティのアパレル支出が高い場合は、一定の支出を行うという特徴があり、**同調圧力に対して敏感なセグメント**といえる。

❺「社会志向」層

地域や国の社会問題、環境問題などに対して関心が高く、倫理的な価値観が最も強い人たちである。

日本ではこれまで少なかったが、欧米においては一定数存在しており、市民活動やボランティアなどの社会貢献活動に積極的に参加するセグメントだ。

消費性向は高くなく、派手な消費やきらびやかなことを好まない。ラグジュアリーに対する消費もほとんど行わない。

一方で、**社会・環境問題に取り組むブランドに対しては熱狂的な支持・消費を行う**ため、パタゴニアやリフォーメーションといったブランドの主要顧客層となっている。

❻「先進・革新志向」層

テクノロジーやイノベーションに対して最もオープンで、先進性や革新性に重きを置いた価値観をもつ人たちである。

シリコンバレーに憧れをもつ人々や、いわゆる「テッキー」と呼ばれるテクノロジーオタクの多くが含まれる。

ファッションに対してはほとんど関心がなく、彼らのファッションアイコンはスティーブ・ジョブズやマーク・ザッカーバーグだ。すなわち、ワードローブのほとんどがTシャツやジーンズというグループである。

ただし、**ファッションもテクノロジー視点で興味をもつ**ため、ＺＯＺＯのボディースーツやオリジナルステッチのオーダーメイドシャツなど、テックコミュニティで話題となったトレンドは試してみるという特徴がある。

❼「快楽主義」層

後先考えず自分の好きなものを純粋に楽しむ、熱狂することをモットーとする人たちで、スポーツやミュージシャンなどの熱心なサポーターであることが多い。

グローバルでは、労働者階級に多く、総じて年収は低めである。

好きなスポーツのスター選手などがファッションアイコンとなっているケースが多い。**ファストファッションブランドでスターのスタイルを真似る**ため、グローバルＳＰＡの主要顧客層となっている。また、**スポーツアパレルに対する消費も大きい**。

❽「倹約志向」層

どの地域・国で調査を行っても必ず出現するグループで、**すべての消費行動において価値観よりも金銭を優先する、いわゆるケチと呼ばれる倹約志向の人たち**である。

低所得者層を中心に幅広く分布するが、一定の所得があるグループの中にも稀に存在する。

ウォルマートやターゲットなど、低価格プレーヤーの主要顧客である。

消費者を価値観ベースで8つのセグメントに分ける手法は、**文化や民族性によって構成比は異なるものの、国をまたいでも共通する。**

図表5-2で示すとおり、8つのセグメントは日本、ドイツ、中国すべてに存在し、国によりセグメント構成が異なる。

中国は消費意欲が全般的に強く「倹約志向」層が少ない、デフレが続いた日本では「倹約志向」層が3ヵ国で一番高いなど、文化や経済事情を背景とした各国の特徴がよくわかる。

日本の場合、グローバルでは一般的な「社会志向」層、「先進・革新志向」層、「快楽主義」層の3つが少なく、価値観が希薄で流されやすいフォロアー層が大きいことが明らかとなっている。

しかしながら、足元ではこれらのセグメントも増えはじめており、生粋のフォロアー層が多かった団塊の世代が今後10年間で市場から消えていくことを加味すると、**今後日本でもグローバルと同じように8つのセグメントに分化していくことは確実**である。

このように、市場が価値観ベースのセグメントで構成されるようになると、プレーヤーにおいても提供価値を明確にすることが必要だ。

すなわち、どのセグメントに対してどのような価値を提供していくかが重要となり、**価値があいまいなプレーヤーは、消費者から見向きもされなくなる。**

図表5-2　消費者セグメントの構成比較

セグメント名	ドイツ	中国	日本	
1 ライフスタイル追求層	22%	21%	10%	
2 消費志向層	7%	10%	5%	
3 伝統重視・保守層	10%	10%	15%	
4 人間・家族重視層	12%	12%	10%	
5 社会志向層	17%	14%	僅少	かわりに、日本にはフォロアー層が存在
6 先進・革新志向層	10%	13%	僅少	
7 快楽主義層	10%	14%	僅少	
8 倹約志向層	12%	6%	15%	

出所：各種資料をもとにローランド・ベルガー作成

日本の消費財・小売業には、他社と同じようなビジネスを展開し、提供価値があいまいなプレーヤーがたくさんいる。今後このようなプレーヤーは厳しくなるだろう。

▼【理由2】テクノロジーの進化

アパレルを含むリテールが業態軸から価値軸へと転換していく背景の2つめに、「テクノロジーの進化」がある。

テクノロジーは2つの観点で、プレーヤーの価値軸への転換を促進する。

ひとつは、テクノロジーの進化にともない、**プレーヤーが提供できる価値が飛躍的に向上する**ことだ。

たとえば、アマゾンはプライム会員向けに当日配送や一定のコンテンツが見放題など、魅力的なサービスを提供している。その随所に、さまざまなテクノロジーが貢献していることは、説明するまでもないだろう。

アパレル業界では、前章で紹介した「スティッチフィックス」をはじめとするファッションテック企業で、それと同じことが起こっている。

テクノロジーを効果的に活用し、消費者への価値転換に成功した企業は、消費者の支持を集める。そして従来型の業態を「ディスラプト」（創造的破壊）していくという構造が、ありとあらゆる業種・業界で起こっている。

もうひとつは、**テクノロジーを使いこなすために莫大な投資が必要**なことだ。多くの企業でテクノロジーへの投資に必要なカネとヒトが不足しており、結果、市場からの退出を余儀なくされる。とくに中堅中小企業の多くは、デジタル化を夢見てもリソース不足で叶わず、縮小均衡を迫られている。

テクノロジーの進化は、「ディスラプター」（技術を活用し創造的破壊をしていく企業）の出現と、進化についていけないプレーヤーの退出、すなわち新陳代謝を促進するのだ。

▼【理由3】プラットフォーマーの強大化

「業態軸」から「価値軸」への転換が進む最後の理由は、「プラットフォーマーの強大化」である。

プラットフォーマーのビジネスモデルは、プラットフォームに参加する消費者や企業が恩恵を受けられる仕組みを用意し、参加者を増やすことで経済圏をつくり出していくものである。経済圏は大きいほうがメリットが出やすいため、巨大化し続けるという特性をもつ。

実際、アマゾンのホールフーズ買収によるスーパー参入、楽天の携帯電話事業参入など、プラットフォーマーが新しい業種業界に新規参入するニュースは、昨今メディアを賑わせている。

このような中で、**既存のプレーヤーは、プラットフォーマーとの棲み分けと協業のあり方を模索することになる。**それは自らの価値軸を定め、磨くことにほかならない。

▼小売業界の未来を決する、7つの「価値軸」とは?

前項では、「価値軸」がいかに重要かについて述べてきた。

では、そもそも「価値軸」とは具体的に、どのようなものを指すのだろうか。

筆者の考えでは、将来のリテール領域における「価値軸」は、大きく次の7つに整理される。

それは**「利便性追求」「ロングテール対応」「プライスリーダー」「カテゴリーキラー」「ライフスタイル提案」「エンターテイナー」「ローカル対応」**の7つである。

それぞれを見ていこう。

❶利便性追求

ひとつめの価値軸である「利便性追求」は、**消費者にありとあらゆる利便性を価値提供**

していくプレーヤーである。

具体的には、アマゾンプライムやコンビニをイメージしてもらえればわかりやすい。

❷ロングテール対応

2つめの価値軸「ロングテール対応」は、**品揃えを価値とするプレーヤー**である。

昔は百貨店の専売特許だったが、ECが普及した現在では、アマゾン、楽天といった総合型プラットフォーマーに取って代わられた。

❸プライスリーダー

3つめの「プライスリーダー」は、**低価格を訴求価値としたプレーヤー**である。

世界中に店舗を増やしつつあるドイツのアルディやリドル（いずれもディスカウントスーパー）といった低価格PBを武器とする小売や、アメリカのギルト（アパレルEC）のようなフラッシュセールサイト（毎日どこかのブランドが期間限定のセールを行っている）がこれに含まれる。

❹カテゴリーキラー

4つめの「カテゴリーキラー」は、アパレル、化粧品、アルコールなど**嗜好性、専門性が高い特定の領域に特化することで、独自の価値を創出するプレーヤー**である。

ラグジュアリーECのファーフェッチ、家具のイケアなどがわかりやすい。

❺ライフスタイル提案

5つめの「ライフスタイル提案」は、**消費者に新しい価値観やコンテンツを提案することを価値とするプレーヤー**である。ラグジュアリーブランドやセレクトショップなどがあげられる。

また、独自性のあるコンテンツをもち、消費者に提案するという点で、**「コンテンツ訴求型」**と呼んでもいい。

❻エンターテイナー

6つめの価値軸「エンターテイナー」は、**消費者を楽しませるリアルな空間での非日常体験を提供価値とするプレーヤー**である。

大型商業施設を開発するデベロッパーやアミューズメントパークなどを指す。

❼ローカル対応

最後の価値軸は「ローカル対応」である。

ローカル対応は、**今後都心と地方の差が広がる中で、地方独自のニーズや立地に立脚したプレーヤー**である。

たとえば、地元の生鮮食品を取り扱う道の駅のようなプレーヤーや、買い物弱者が多い地方で移動販売を行うプレーヤーなどを指す。

この7つの価値軸の中で、アマゾン、楽天のような総合型プラットフォーマーが得意とする価値軸は**「①利便性追求」と「②ロングテール対応」**である。

したがって、これまでこの2つの価値軸で勝負してきたプレーヤーが生き残るためには、**アマゾンや楽天などのプラットフォーマーと肩を並べる**ような実力が必要となる。

百貨店がすでに苦境に陥っていることはご存じのとおりだ。立地を強みにできる都心の店舗以外は、生き残りが厳しい。

また、リアル店舗の勝ち組だったコンビニも、今後どうなるかはわからない。AIを駆使したレジなしコンビニ、アマゾンGOのような新たな脅威もある。

さらに、プラットフォーマーがM&Aで既存のコンビニを傘下に収め、ある日突然、直接的な競合となる可能性も考えられる。

一方で、**「①利便性追求」「②ロングテール対応」以外の5つの価値軸があれば、プラットフォーマーに飲み込まれることなく、棲み分けができる。**

とくに、多くのアパレルブランドが位置する「ライフスタイル提案」は、じつはプラットフォーマーと相性がいい。

なぜなら、プラットフォーマーは常に自社のプラットフォームを活用してくれるコンテンツを必要としているからだ。

アパレルにたとえると、自社ＥＣのほかにも、アマゾンやＺＯＺＯＴＯＷＮといったプラットフォーム上で販売しているブランドをイメージしてもらえれば、わかりやすいだろう。

▼２０３０年に勝ち残る企業の条件

２０３０年はどのような世界となるのか、**デジタル化で日本の5年以上先を行くアメリカの現状から、その姿を想像**してみよう。

現在のアメリカでは、総合系プラットフォーマーの競争がアマゾンの一強で決着しており、そのシェアは物販ベースでＥＣ市場の約33％（２０１７年）にものぼる。

一方、**日本ではアマゾン、楽天、ヤフーの三強に加えて、ラインやメルカリも総合型をあきらめておらず、これから最終決戦を迎える状況**だ。

シェアだけで見るとアマゾンの一人勝ちに見えるアメリカだが、**アマゾンとともに成長している企業もたくさん存在する。**

近年のＥＣにおける成長率で上位50社の企業タイプを分析すると、じつに8割以上がアパレルや化粧品を取り扱っている企業だ。

そこには大きく2つのタイプがある。前項で紹介した**「ライフスタイル提案型」のブランドか、「カテゴリーキラー型」の小売**である。

具体的には、前者はマイケルコース、ルルレモン、ナイキのようなブランドであり、後者はコスメ専門チェーンのアルタビューティーや前述のスティッチフィックスが該当する。

とくに、ライフスタイル提案型の好調ブランドは、**昨今自社ECによる直販とアマゾン経由での販売の双方を伸ばしている。**

ブランドロイヤリティの高い顧客は自社ECに誘導し、一見客や新規客をアマゾンで効率よく獲得しているという構図である。

ここから見えてくる未来としては、**今後、小売におけるEC化率がますます高まり、巨大化し続けるプラットフォーマーの勝ち負けが決まってくる世界**だ。

そこでは消費者の購買行動は、勝ち残ったプラットフォーマー経由か、ブランド直販のDtoCに集約されていく。

普段の買い物は便利で経済的なプラットフォーマーのサイトやリアル店舗を利用し、好きなブランドや関心の高い買い物は、ブランドの直販サイトやカテゴリーキラーのECを利用するという具合だ。

このように、**プラットフォーマーと強いコンテンツをもつブランドが強くなる未来では、価値のあいまいな企業は淘汰されていく**であろう。

淘汰を避けるためには、カテゴリーキラーやエンターテイナーのように、ターゲットとする消費者を定めたうえで勝負できる価値軸をもつことが大切になる。

アメリカでも、従来型のリテールは手をこまねいているわけではなく、リアル店舗でしかできない価値を再構築し、プラットフォーマーとの棲み分けを試みている。

▼アマゾンとの棲み分けをはかる百貨店の新業態

まずは、百貨店を見てみよう。

昨今、メイシーズやＪＣペニーの店舗閉鎖など、アメリカ百貨店業界にはネガティブな報道が相次いでいる。

調査会社のユーロモニター社によれば、２０１２年に約１０３０億ドルあったアメリカ百貨店市場規模は、２０２１年には約６７０億ドルまで落ち込むと予測されている（図表5−3）。

その背景には、これまで述べてきたように、**消費者にとって百貨店の価値が薄れている**点がある。独自の店舗体験をいかに消費者に提供できるかが、以前にも増して問われている。

このような状況を受け、アメリカ百貨店各社は、**消費者にとっての価値・カスタマーエクスペリエンス（顧客体験）を再構築すべく試行錯誤している。**

図表5-3　アメリカ百貨店の市場規模およびチャネルシェア推移

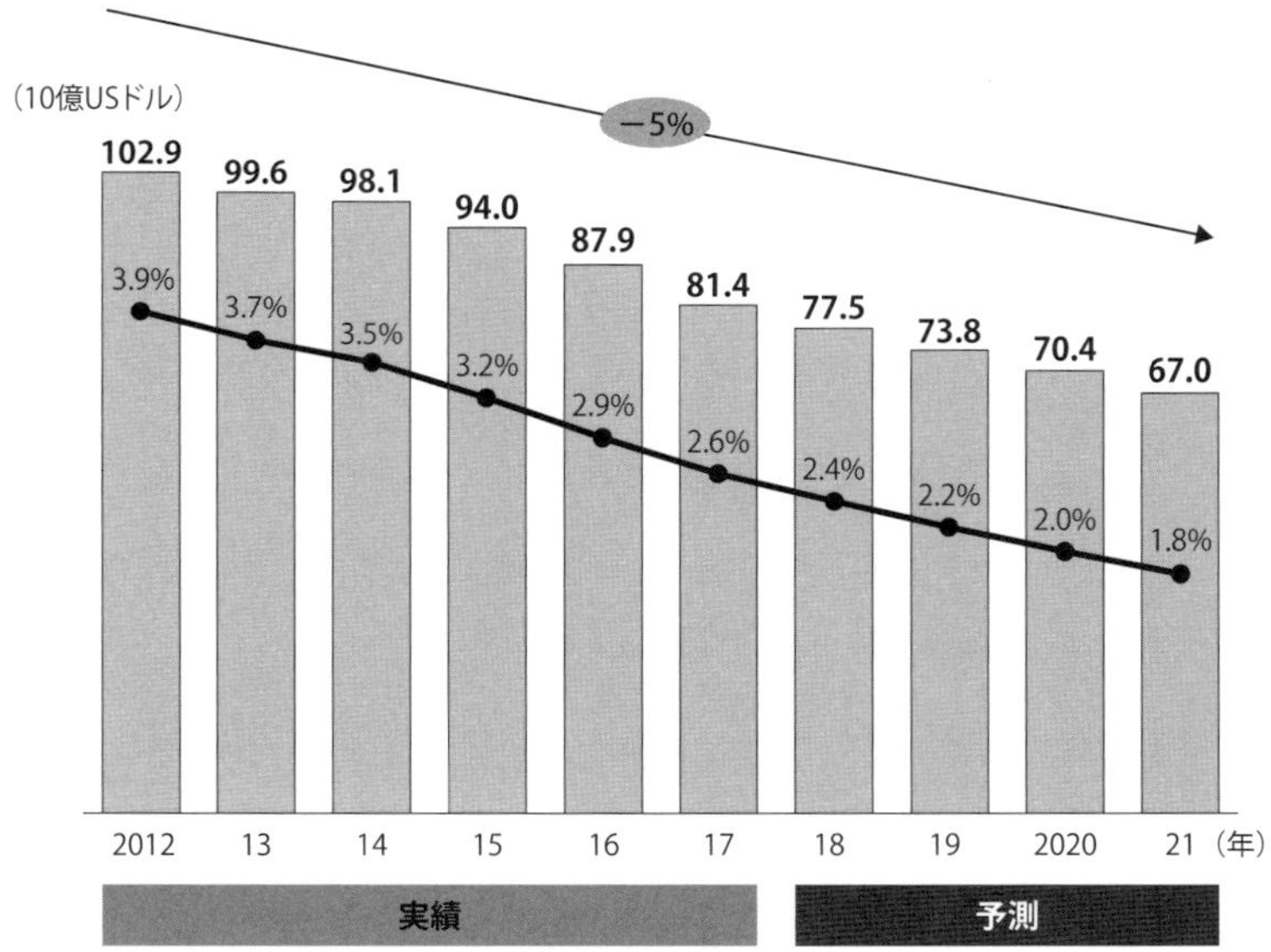

出所：ユーロモニター社のデータをもとにローランド・ベルガー作成

たとえば、全米でも有数の大型百貨店チェーンである「ノードストローム」は、2017年10月に**「ノードストローム・ローカル」**と呼ばれる新業態を開始した。その**最大の特徴は、小売店舗でありながら在庫をもたず、「服を直接売らない」**点にある。

「ノードストローム・ローカル」は、従来型店舗に比べ、売場面積が極めて小さい。従来型店舗が平均約14万平方フィートであるのに対し、たった約3000平方フィート。日本のコンビニの2倍程度のスペースしかない。

来店客はオンライン注文した商品の受け取りや返品が可能だが、それ以外の在庫は**店舗に存在しない**。

その代わり、店内の8つの試着室で、パーソナル・スタイリストによる無料のコーディネイト相談が受けられる。パーソナル・スタイリストは、同社のアプリ「スタイル・ボード」を使ってアドバイスを行うほか、オンラインストアや近隣店舗から商品手配を行う。店内にはそのほかにも、テーラーショップやネイルサービス、コーヒーやアルコールを楽しめるバーが設置されている。

このように、「ノードストローム・ローカル」では、**消費者はデジタルとリアルを融合したいろいろな接客・サービスを楽しめる。**

「ノードストローム・ローカル」の狙いは、店舗自体で売上げを立てることではなく、**消費者にとって魅力ある顧客接点**を提供し、顧客ロイヤリティの向上をはかることにあるだろう。フルサービス型のオムニチャネル店舗ともいえる。

▼新たな存在価値を見出すショッピングモール

百貨店同様、閉店のニュースがあちこちで聞こえるショッピングモールにも、新しい動きがある。

台頭する新興富裕層やミレニアル世代をターゲットに、好業績を上げているモールだ。

2つのケースを説明したい。

❶ハイエンドモール

ひとつめは、**富裕層や観光客等をターゲットにする「ハイエンドモール」**だ。

高級ブランドやミシュラン掲載のレストランを揃え、ほかのモールにはないラグジュアリーなサービスや購買体験を提供する。

実際に、全米のショッピングモール売上げトップ10は、アウトレットモールを除き、ハイエンドモールが独占している（図表5－4）。

フロリダ州マイアミビーチにある**超富裕層向けのショッピングモール「バル・ハーバー・ショップス」**は、ほかのモールにはない**「特別感」のある体験で顧客を虜にする。**

アメリカの典型的な旧来型モールは屋内型が多い中、「バル・ハーバー・ショップス」は

図表5-4　アメリカショッピングモールの単位あたり売上高

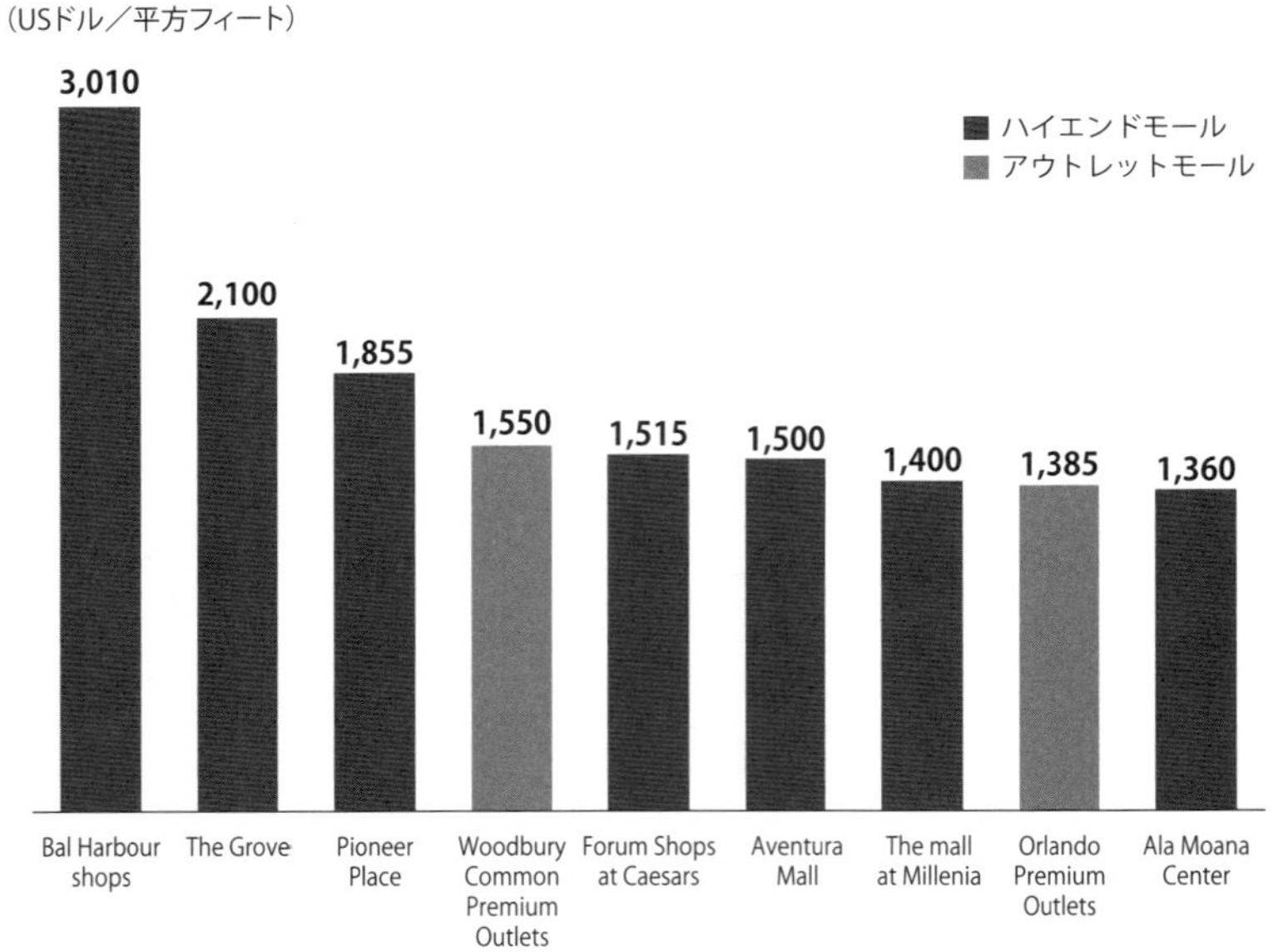

出所：Green Street Advisorsのデータをもとにローランド・ベルガー作成

屋外型だ。木々が生い茂り、運河が走るモール内のデザインは、まるで高級リゾートを思わせる。

客が高級車で正面出入り口に乗り付けると、バレーパーキング方式で係員が鍵を預かり、駐車場へ運んでくれる。

客は駐車スペースを探すストレスを感じることなく、ショッピングを楽しめる。

モール内は、ブルガリやハリー・ウィンストン、ショパール等のきらびやかな高級ブランドが軒を連ねている。なかには入店すら予約が必要な店舗もあり、富裕層の消費意欲を掻き立てる。

こうした**徹底したラグジュアリー体験の提供**が功を奏し、「バル・ハーバー・ショップス」は、低迷・衰退を続けるショッピングモール業界をよそ目に、テナントの入居待ちが出るほど盛況だという。

２０２３年には、新たに獲得した敷地に新館をオープンする予定だ。

❷ライフスタイルセンター

２つめは、**ミレニアル世代をターゲットにした「ライフスタイルセンター」**である。

このライフスタイルセンターは、ショッピング以外の需要に対応することで「消費の場」から「生活の場」へと進化させた。

消費者行動を分析するエンバイロンセル社によれば、アメリカのミレニアル世代の多くは、小売店だけでなく、娯楽施設やジム、医療機関などの生活インフラが揃っていて、**ひとつの場所ですべてが事足りるような場所を好む**という。

実際に、ライフスタイルセンターは、小売店を中心とした従来型のショッピングモールに比べて消費者の訪問頻度が高く、消費する金額も多い（図表5－5）。

ショッピングセンターからライフスタイルセンターに転換することで、再生した事例を紹介したい。

ノース・カロライナ州のチャペル・ヒルにある「ユニバーシティ・プレイス」は、典型的な郊外型の大型ショッピングモールだった。

学生や富裕層を多く抱えるチャペル・ヒルで、「消費の中心」として1973年の開業以来受け入れられてきた。

しかし2000年代に入り、近隣に新しく洗練されたショッピングモールが誕生し、代わり映えしないショップに飽きていた富裕層を中心に、客足が離れていく。

集客に苦戦するテナントは撤退が相次ぎ、空き店舗が目立つようになる。すると次第に学生からも敬遠され、時代遅れのくたびれたモールへと姿を変えた。

そこで「ユニバーシティ・プレイス」は、2013年に大規模なリニューアルを実施し、**地域住民のニーズに合ったサービス・体験を提供するライフスタイルセンター**へと転身をはかった。

革張りシートでおいしい食事を楽しめる映画館や子ども向けの博物館、料理教室やス

図表5-5　ライフスタイルセンターと従来型モールの比較

	ライフスタイルセンター（小売以外のサービスに力を入れるモール）		従来型モール（小売に注力しているモール）
1年間の平均訪問回数	**18.9** [回]	》	10.2 [回]
平均滞在時間	**135** [分]	》	62 [分]
1回あたりの平均支出額	**142** [ドル]	》	54 [ドル]

出所：Global Dataのデータをもとにローランド・ベルガー作成

ポーツ施設など、体験型のエンターテインメントを充実させたほか、ラジオ局や公的機関等を誘致し、**生活インフラとしての機能**を強化した。

また、吹き抜けの中庭では無料Ｗｉ－Ｆｉを提供し、地元の学生がソファでゆっくりと勉強できるスペースを設けた。週末には、地元産の野菜が並ぶファーマーズ・マーケットを開くなど、**人々が集うコミュニティ・ハブ**となることを目指した。

その結果、「ユニバーシティ・プレイス」は、地域住民の「生活の中心」として受け入れられ、見事な復活を遂げた。

閑古鳥が鳴いていたモールは、地域住民の活気であふれ、現在はほぼ１００％のテナント稼働状況だという。

▼リアル店舗に必要なのは「ECにはない価値」

現在、アメリカでは「ユニバーシティ・プレイス」の成功事例をもとに、**従来型モールのライフスタイルセンター化が進行中**だ。図書館やオフィススペース、住居スペースすら兼ね備えるものもある。

いずれも、消費に留まらない地域住民の生活基盤インフラとしての性格を強め、**集客量や滞在時間を延ばし、消費を促進することが狙い**だ。

このように、アメリカのショッピングモールや百貨店は、**生き残りに向けた価値軸の再構築**に試行錯誤している。

ECにはないリアル店舗の強みを発揮し、消費を超えた「体験」や「独自価値」を提供することで、カスタマーエクスペリエンスをいかに最大化できるかが鍵といえる。

以上のようなリテールの大変革の中で、主要テナントであるアパレルも、ビジネスモデルの変革を迫られている。

たとえば、**直販拡大と同時にアマゾンでのEC化率を高め、リアル店舗は数と店舗面積を減らして、勝ち組モールや百貨店のみに配置するという戦略**である。アバクロンビー&フィッチやラルフローレンの近年の動きが、その代表例といえる。店舗を小型化し数も減らす一方でEC化率を増やし、収益性を高めている。

一方、日本では、アメリカと比較すると、リテール側の調整幅・スピードはゆっくりだ。**アメリカは、そもそもショッピングセンターの数が多すぎる、アマゾンが強すぎる、EC化が早い等の構造変化が進みやすい環境にあり、日本とは異なる**からだ。

しかし今後EC化率がじわじわと高まる中で、国内でも百貨店だけでなくショッピングセンターやファッションビルも本格的に減少する時代に突入する。

このような構造変化にともないアパレル側の店舗減少も本格化するだろう。

▼2030年、消費者もこう変わる

本章の最後に、**2030年の消費社会**がどのようになっているのか、具体的に描いておきたい。

まず、予測される世代別の人口構成だ。

図表5-6は2015年から2030年にかけた、消費の中心を担う生産人口構成の推移を描いたものである。

これによれば、2030年には現在のミレニアル世代とZ世代（1990年代後半から2000年代前半に生まれた世代）を足した割合が、生産人口の約65％となる。**Z世代だけを取り出すと、全体の4人に1人の割合**だ。

ミレニアル世代やZ世代の特徴は「デジタルネイティブ」であり、デジタル機器やデジタル化への対応力が高いことだ。

2030年までの間、社会全体のデジタル化スピードはいまよりもはるかに速くなるだろう。

たとえば、最近話題の音声AIスピーカーは、さまざまな家電やデジタル機器にインターフェイスが実装され、音声入力が可能となる。

ネットにつながるハードウェアも、スマートフォンからさらに多様化していくはずだ。

図表5-6　2030年に向けた世代の移り変わり

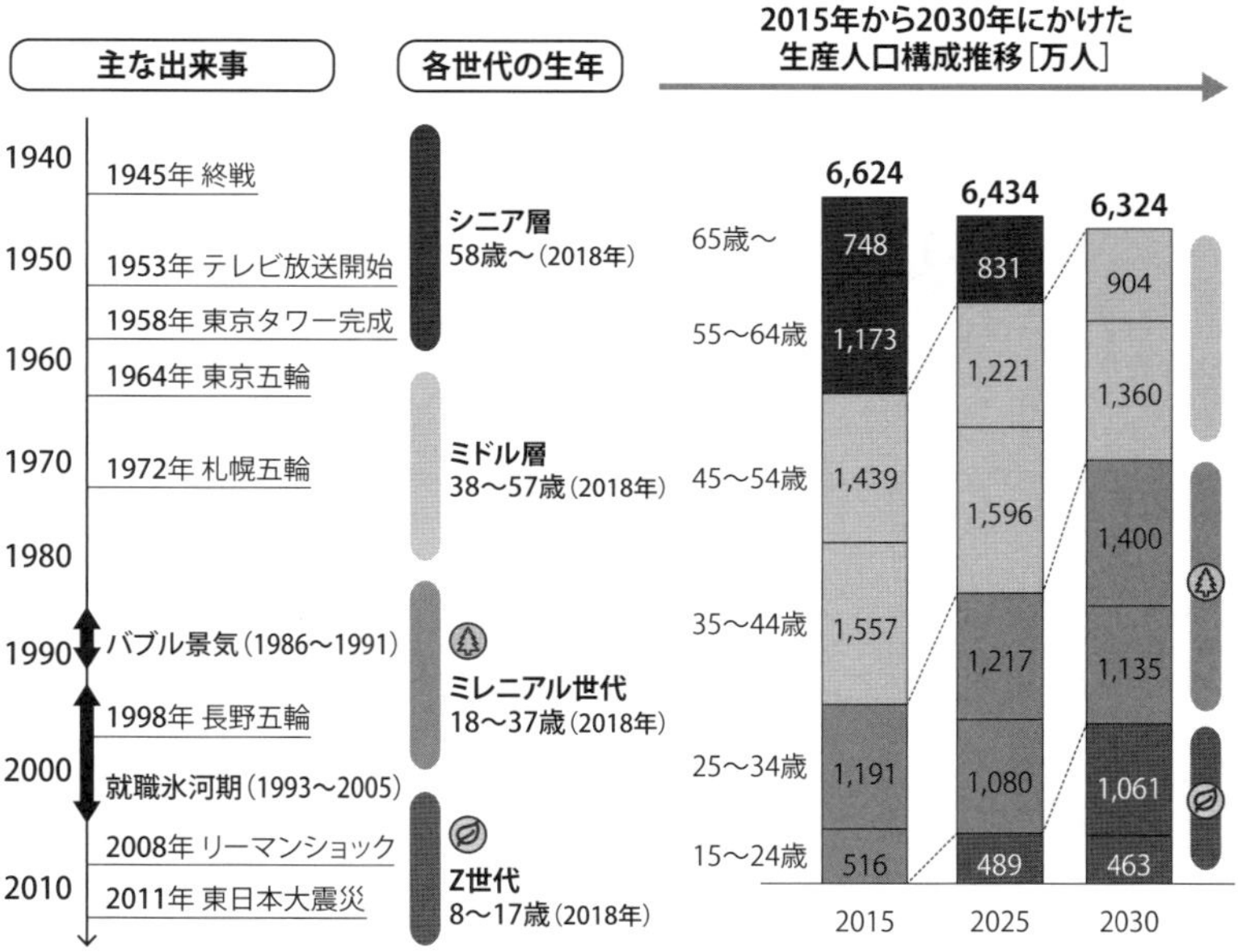

出所：各種資料をもとにローランド・ベルガー作成

外出先ではスマートフォンやスマートウォッチ、自宅では音声入力で多様なデバイスを利用しながらネットにアクセスするようになるだろう。

家電をはじめ、家中のいたるところに音声インターフェイスが実装され、照明やエアコンのスイッチ、お風呂の湯沸かし、施錠などの音声入力が当たり前となる。

消費の中心となるデジタルネイティブの両世代は、**音声でAIと会話し、商品を注文し、さまざまな情報を受け取る**ようになるだろう。

そうなれば、無数の音声インターフェイスをまたいで横串で管理するAIが必要となる。すなわち、日用品の補充から病気のときの相談、休日の楽しみ方の提案、時には家計の管理までサポートしてくれるような家庭用AIコンシェルジュの登場だ。

もしかしたら、**私たちが幼いころ想像した「ドラえもん」のような家庭用ロボットは、目に見えない「声」の集合体としてあらわれる**のかもしれない。

▼2030年、企業はどう消費者にうったえかけるのか

企業の消費者に対するアプローチも大きく変わる。

ミレニアル世代以下が6割を占める世界になれば、テレビCMはもはや大きな影響力をもたない。**ターゲットに合わせたきめ細かいデジタルマーケティング**が必要となる。

Z世代ではSNSにおける動画利用が当たり前だ。ユーチューバーのような動画を活用したインフルエンサーが加速度的に増えるだろう。

中国では、すでにインフルエンサーによるライブコマースが大きな市場となっている。同じように日本でも、ユーザー参加型のマーケティングが、SNSや動画配信を通じて広がっていくだろう。

また、モノの買い方も大きく変わる。**ミレニアル世代やZ世代は、レコメンデーション機能が優れたサブスクリプション型サービスを好む。**

たとえばアメリカでは、アップルやアマゾンによる月額課金型の音楽配信サービスが浸透し、音楽は所有ではなく利用するものであるという消費行動が完全に定着した。

このような所有から利用への流れは、メディアやソフトウェアからはじまり、現在は自動車、金融、不動産、ヘルスケアなどさまざまな業界に波及している。

今後はファッションにおいても、**買うのではなく利用するという感覚で、サブスクリプションやレンタルサービスでまずは試し、気に入ったものだけ購入するというスタイルが広がる**だろう。

さらに、社会のデジタル化が進む中で、個人情報にもとづくパーソナライズは、AIの進化とデータ蓄積量のかけ算で飛躍的に精度が増していく。

たとえば、グーグルとフェイスブックの二強が続いていたインターネット広告の世界では、アマゾンが急速に存在感を高めている。なぜなら、アマゾンは消費者のあらゆる購買データを蓄積しているので、精度の高いパーソナライズ広告を打つことが可能だからだ。**パーソナライズは、広告だけでなくものづくりの世界でも浸透する**。第２章で取り上げたマス・カスタマイゼーションの進化により、衣服、靴、化粧品、電気自動車などさまざまな領域で、パーソナライズされた商品を楽しむことが当たり前となるだろう。

ミレニアル世代以下は、社会課題や環境問題に対する意識が高い層（社会志向層）が多いのが特徴だ。

これにパーソナライズやサービス化の流れが加わると、**モノの消費量は格段に下がっていく**。大量生産・大量消費時代の終焉が指摘されているが、２０３０年の消費マインドは、完全に次の時代へと移行しているだろう。

このような変化が起きる中で、企業は必要なものを必要なだけつくり、必要としている消費者にアプローチし素早く届けることを求められていく。

企業は、大量消費時代に設計したサプライチェーンを大きく変えなければならないことは想像に難くない。

▼日本のデジタル化は2025年から加速化する

アメリカや中国と比較すると、日本はデジタル化のスピードが遅い。ＥＣ化率やキャッシュレス化のスピードを見れば顕著だ。

日本はなぜ遅いのか、理由は大きく２つ考えられる。

❶インフラが完成しきっている

ひとつめの理由は、**既存の社会インフラの完成度が高い**ことだ。

いまの生活に大きな不便がないので、わざわざデジタルに移行する必要がない。

一般的には、社会インフラが整っていない新興国のほうが、デジタル化がいっきに進展しやすいと考えられている。

❷デジタルを得意としない人口が多い

もうひとつの理由が、人口ピラミッドである。

日本は、**デジタルをあまり得意としない団塊の世代から団塊ジュニアの人口割合が大きい。**

企業経営者から消費者まで、デジタルが不得意な世代が多数派で、かつ力をもっている。

そのため、デジタル化のスピードは極めてゆるやかだ。

ところが、**2025年を過ぎたあたりから、その割合が逆転し、デジタルネイティブのミレニアル世代以下が生産人口のマジョリティとなる。**

このころから、企業側の新陳代謝も進み、デジタル化のスピードがいっきに増すだろう。さらには、日本固有の問題である高齢化と人手不足が、類を見ないスピードで深刻化している。社会全体でＡＩやＩｏＴをはじめとするデジタル化を推進し、生産性を上げていかないと、国として立ち行かなくなってしまうだろう。

このように、２０３０年の消費社会は、想像よりも大きく変化しているととらえたほうがよさそうだ。

第5章　エッセンス

◆リテールの構造改革変化が起こる背景には、「①消費者の価値観の多様化」「②テクノロジーの進化」「③プラットフォーマーの強大化」があげられる。
◆将来のリテールにおける価値軸は、「①利便性追求」「②ロングテール対応」「③プライスリーダー」「④カテゴリーキラー」「⑤ライフスタイル提案」「⑥エンターテイナー」「⑦ローカル対応」の7つに大別される。

◆大手プラットフォーマーが得意なのは「①利便性追求」と「②ロングテール対応」であり、プラットフォーマーに飲み込まれないためには、それ以外の「③プライスリーダー」「④カテゴリーキラー」「⑤ライフスタイル提案」「⑥エンターテイナー」「⑦ローカル対応」の5つの価値軸が求められる。

◆2030年には、テクノロジーの進展によって、服の選び方、買い方、所有の方法など、現在と様変わりする。とくにミレニアル世代（2000年以降に成人した世代）とZ世代（1990年代後半から2000年代前半に生まれた世代）が消費の中心になってくると、音声でAIと会話し、商品を注文し、さまざまな情報を受け取るようになる。

◆日本でデジタル化のスピードが遅い理由は、「①インフラが完成しきっている」ことと「②デジタルを得意としない人口が多い」ことの2つ。しかし、ミレニアル世代やZ世代の「デジタルネイティブ世代」が生産人口のマジョリティとなる2025年ころから、デジタル化のスピードはいっきに加速する。

◆日本のアパレルEC化率は30％近くになる。アマゾンや楽天などのプラットフォーマーが規模を拡大し、従来型の企業は統廃合が進む。

第6章

結局、
今後の10年間で、
国内アパレル産業は
どう変化し、
いま何をすべきなのか

▼高価格帯と低価格帯の二極化が進行する

ここまで、アパレル業界の現状にはじまり、テクノロジーが与える影響や、消費社会全体の未来について見てきた。

最終章である本章では、全体のまとめとして、**次の10年間、アパレル業界でどのような変化が起きるのか、その中でアパレル産業は何をすべきなのか**を考察していきたい。

はじめに、市場の流れを大局的に見てみよう。

アパレル市場を読み解くためには、まず**「トレンド」「ラグジュアリー」「マスボリューム」**の3つの区分けで考える必要がある。なぜなら、それぞれ顧客もプレーヤーも、そしてデジタル化の影響も異なるからだ。

国内市場では全体的にゆるやかな減少が続く中で、二極化の進行と中間価格帯であるトレンド市場の落ち込みが今後ますます顕著となる。

❶縮小がますます進行する「トレンド市場」

トレンド市場では、消費者の価値観の多様化にともない、服に対する好みや服の買い方はますます細分化される。

デジタルがもたらす変化も相まって、**「トレンドの小粒化」**と**「短サイクル化」**が進行

するだろう。

グローバルと比較すると、**「中間価格帯市場」が大きかった日本の特徴は徐々に薄まり、「ラグジュアリー市場」と「マスボリューム市場」に二極化する**という、欧米型の市場構造に近づいていく。

そして**「ラグジュアリー市場」と「マスボリューム市場」では、グローバル企業の存在感が増していく**だろう。

❷投資家の熱視線を集める「ラグジュアリー市場」

フランスのＬＶＭＨやケリングに続き、手が届きやすい「アクセシブルラグジュアリー」においても、**ブランドの買収とグループ化が進む。**

２０１７年に、コーチ（現タペストリー）がケイト・スペードを買収したのは記憶に新しい。

このように買収とグループ集約が進む背景には、大きく3つの理由がある。

第一に、市場全体の成長鈍化にともない、**単独ブランドでの成長に限界**が見えてきていることである。

最近は、ラグジュアリーを買い支えてきた中国もアメリカも低成長になりつつある。富裕層の資産拡大も落ち着いてきており、ラグジュアリー市場の成長鈍化につながっている。

第二に、浮き沈みが激しいブランドビジネスにおいて**ポートフォリオ経営が経営手法と**

して定着しつつあることである。

ポートフォリオ経営とは、さまざまなタイプの事業を傘下にもつことでリスクを分散し収益の安定化をはかる経営手法である。

アパレルは浮き沈みが激しいため、ＬＶＭＨやケリングのように事業としてブランドをたくさん抱えるグループは、ポートフォリオの見直しと入れ替えを常に検討している。この結果、ブランドの買収・売却が世界的に起こりやすくなっている。

買収とグループ集約が進む最後の理由は、**世界的なカネ余りの中で、投資ファンドの投資先がブランドに向いている**ことがある。

投資ファンド業界では、２０００年代前半くらいまで、右脳と左脳のバランスが求められるファッションビジネスは、リスクとリターンが読みにくい難しいビジネスとされ、投資対象として優先度が低かった。

しかしながら、２０００年代後半に入り、欧州の投資ファンドのペルミラによるヒューゴ・ボスの買収など、ファッション分野でも徐々に大型の成功案件が出始める。

現在では、ファッションビジネスに積極的に投資しているファンドも増え、欧米では複数のブランドをポートフォリオとして抱えるファッション特化型のファンドもあらわれている。

ただ投資ファンドによる保有は未来永劫続かないので、いつか上場か売却による出口を迎えることになる。売却先は、必然的に大手ラグジュアリーグループとなることが多い。

このように世界的にブランドの買収と売却が盛んに行われていく中で、一部のラグジュアリーグループは圧倒的な投資余力とスケールを武器に大きくなっていくだろう。

❸グローバルSPAが躍進する「マス市場」

マスボリューム市場においては、グローバルSPAがさらに躍進する。

背景には大きく2つの理由がある。

ひとつめの理由は、多くの企業にとって、**グローバルSPAが提供するスケールを活かしたコストパフォーマンスに太刀打ちすることが難しいから**だ。

たとえば、**メルカリで一番売買されているブランドは1位がユニクロ、2位がナイキ、3位がアディダス**である。

1位のユニクロは意外かもしれないが、あの価格で何十回着てもへたれないほど品質が高いので、中古でも積極的に取引される。

ZARAやブーフーもそうだが、最近勝ち組となっているグローバルSPAは、独自のバリューチェーンを構築しコストパフォーマンスのよい商品を消費者に届けている。原価率も従来のアパレルと比較すると高く、同じ価格帯で比べると品質がいい。

消費者の目は厳しいので、ODMに頼った中途半端なアパレルは今後厳しくなっていくだろう。

2つめの理由は、デジタル化についていけない企業が続出するからである。

第3章で説明したように、デジタル投資は継続性と規模が重要である。グローバルSPAクラスでも、それができている企業とできていない企業の差が出はじめており、勝ち負けに影響をおよぼしつつある。

今後は、デジタルトランスフォーメーションに成功した一部のグローバルSPAが、市場を席巻しシェアを拡大するという構造になるだろう。

以上のような市場の変化の中で、厳しい局面を迎える中価格帯のトレンド市場では何が起こるのであろうか。

ひとつずつ考察していきたい。

▼中価格帯トレンド市場の衰退と新たな活路

中価格帯のトレンド市場が、最も縮小していくことは先に述べた。

結果、相応の企業規模となった総合系アパレルやセレクトショップの多くが苦戦を強いられ、市場では消耗戦が繰り広げられることになる。

今後、じわじわと国内市場が縮小していく中で、顧客が高齢化するブランドの廃止や統合が加速するだろう。

一方、個性のあるデザイナーズブランドやストリートブランドといった次代の芽も、これまで以上に台頭してくる。

現在の市場は、多様化する消費者をニッチにとらえる中小のブランド、ショップにとって、じつはチャンスが多い競争環境だ。デジタル化が進む中で、アパレルビジネスへの参入障壁は格段に低くなっている。

資金面では「クラウドファンディング」、販売・マーケティング面では「EC」と「SNS」、生産面では「デジタルサプライチェーン」がある。素人でも、ファッションへの情熱さえあれば、簡単にブランドをつくれる時代になった。

実際、インスタグラムで数万人のフォロアーを抱えるファッショニスタやモデルが、着たい服をつくって月商1000万円以上売上げるケースが登場している。

20代女性向けにD to Cを行うジュエミ（Juemi）というブランドがその好例だろう。約4万人のインスタグラムのフォロアーと、約1万人のEC会員をベースに、月商1000万円以上を売上げる。

ジュエミの生産を担うクリエイティブディレクターの本間英俊氏は、次のように話す。

「90年代から2000年ごろにかけて**裏原で行っていたようなことがいま、デジタル上で起こっている。**次から次へとブランドが生まれ新しいムーブメントとなりつつある。こうしたブランドにとって、デジタルはビジネスの生命線だ」

図表6-1　アパレル産業（川下側）の変化

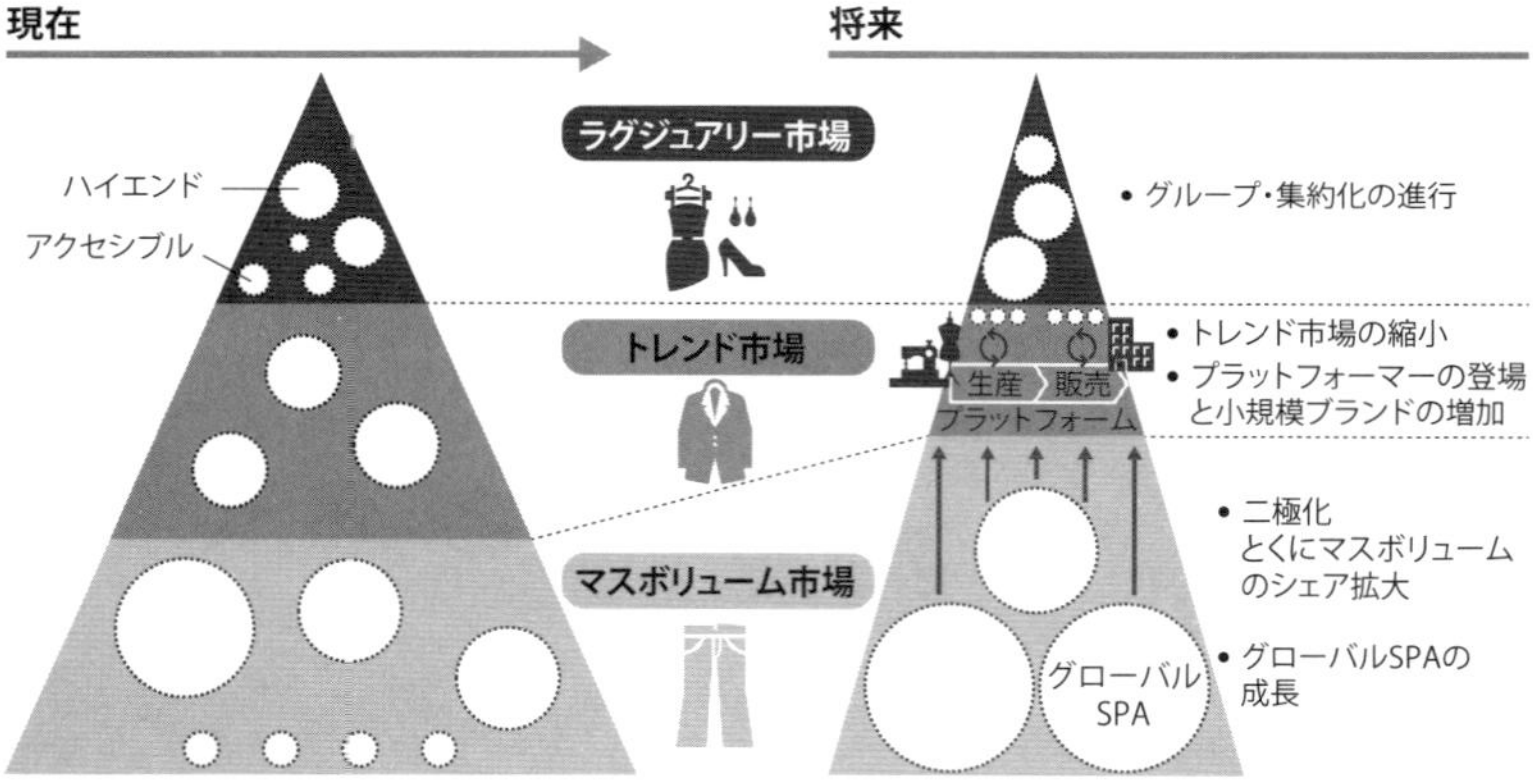

出所：各種資料をもとに著者作成

このように、トレンド市場では、才能あるデザイナーやディレクターのビジネスを支えるプラットフォーマーが、新しい企業組織としてますます必要とされる。

ZOZOやファーフェッチのようなECプラットフォーム、インスタグラムやLINEのようなコミュニケーションプラットフォーム、シタテルのようなサプライチェーンプラットフォームは、まさにその典型例だ。

その結果、**トレンド市場では、従来型の企業は縮小均衡の一途を迫られ、表向きは多くの元気な小規模アパレルブランド、ショップが乱立**し、その裏では、**アパレルビジネスを補完するプラットフォーマーが規模を拡大する**という市場構造となる（図表6−1）。

▼アパレル企業の数はいまの半分に減少する？

市場構造の変化が起きる中で、第1章で述べたように、国内アパレル市場全体は約7・1兆円（現在の約5分の4）から6・2兆円（現在の約3分の2）程度にまで落ち込む可能性がある。

これは企業側から見れば、**単純計算で売上げが現在の3分の2まで落ちる可能性**を意味する。

売上げが3分の2になれば、多くの企業が赤字となるだろう。

売上げの減少に合わせて、組織を小さく再編したり、店舗数を減らしたりできれば話は別だが、そのような構造改革は簡単ではない。

通常、市場が衰退期に入る局面では、シェアが一定で企業数が変わらないまま推移することはない。**事業撤退や統廃合が進み、企業数が減少して、大手の寡占化が進む**。多数の企業で市場が構成されるアパレル業界でも、今後はその動きが顕著となるだろう。

また、企業淘汰が進む要因は、市場の減少以外にもある。

第一に、**高齢化**である。とくに、川上（原料・材料生産）・川中（製品生産）の中小工場で顕著となる。働き手が集まりにくいうえに事業承継ができず、自分の代で終わらせようと考えている中小工場は、非常に多い。

第二に、**デジタル対応への遅れ**である。急速に進むデジタル化についていくことができず、対応をあきらめる企業も増えている。

第3章で述べたように、デジタルをキャッチアップし活用するためには、人とシステムへの継続的な投資が必要だが、多くの中小企業にとってはハードルが高い。

図表6-2は、アパレル業界の国内事業者数の推移を示したグラフだが、バブルのころに比べれば、**事業者数は4分の1にまで減少している**。生産工場の国外移転やコスト圧力に耐えきれず、多くの川上・川中の工場が廃業したからだ。

2030年に向けて、川中・川下（小売）でも、企業数の減少に拍車がかかるだろう。

図表6−2　アパレル事業者数の推移

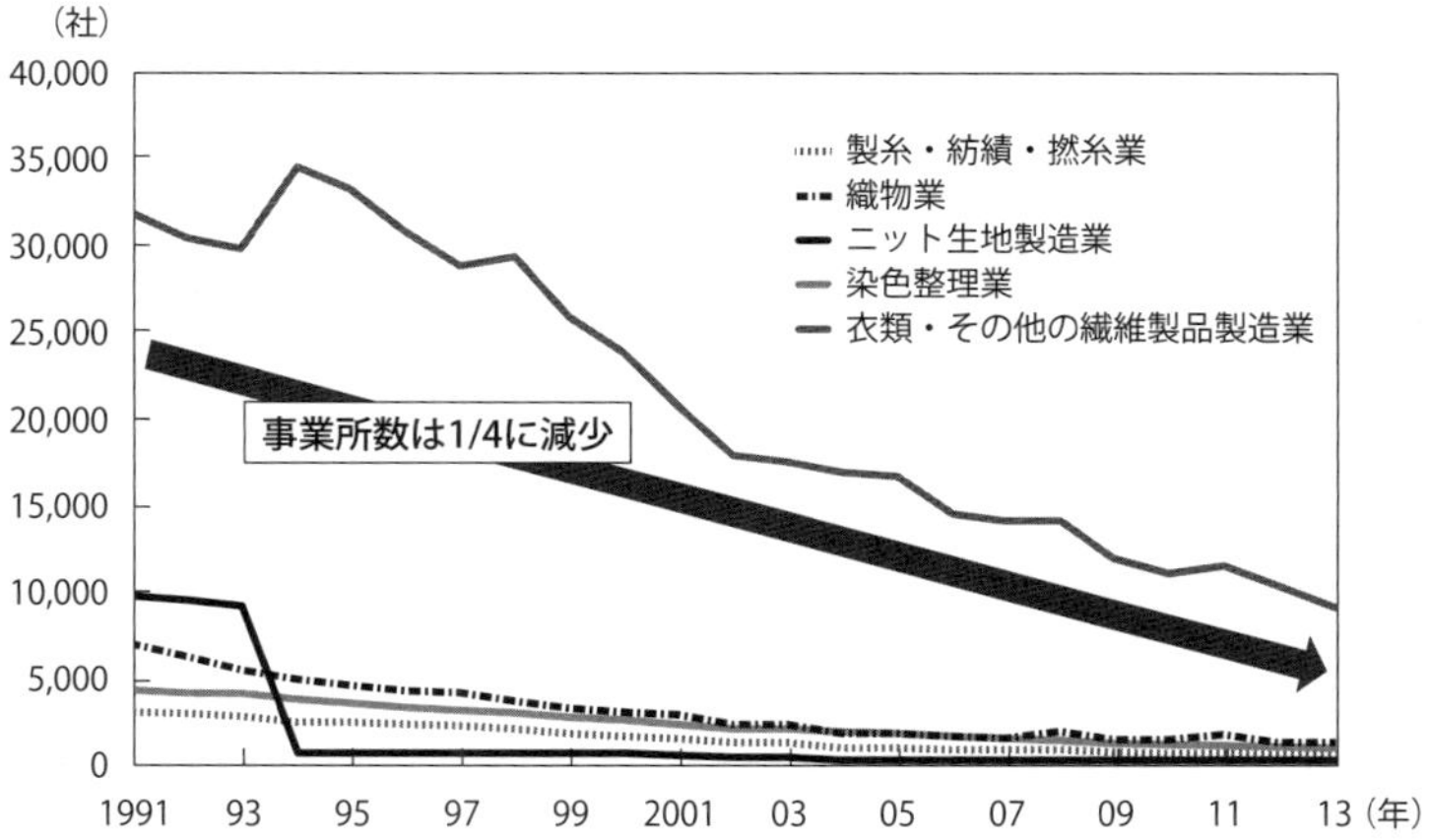

出所：各種資料をもとにローランド・ベルガー作成

過去からの流れや現状に鑑みると、**10年後、企業数が現在の半分以下になっても不思議ではない状況**といえる。

▼国内アパレル産業が抱える「2つの構造的課題」とは?

日本繊維輸入組合によると、2017年の衣料品の国内生産量は前年比約8%減の9840万点となり、**数量ベースの国産品割合は、ついに2・4%にまで落ち込んだ。**

バブルのころは約10億点だったことを考えると、**国産品はこの30年間に数量ベースで10分の1になっている。**金額ベースではまだ10%以上あるとはいえ、このニュースのインパクトは大きかった。

国内生産減少の背景は2つある。

ひとつは、ファストファッションの浸透やデフレの影響による単価下落に対応すべく、多くの国内アパレルが**生産を国外に移転した**こと。もうひとつは、国内工場の賃金が伸びず苦しい経営が続く中で、労働者不足や後継者不足にともない、**廃業を選択した工場が多い**ことだ。

国内生産は、文字通り風前の灯といった状況である。

図表6-3は、主要国におけるアパレル輸出額の構成比を図示したものだが、これを見

図表6-3　主要国におけるアパレル輸出額構成比（2014年）

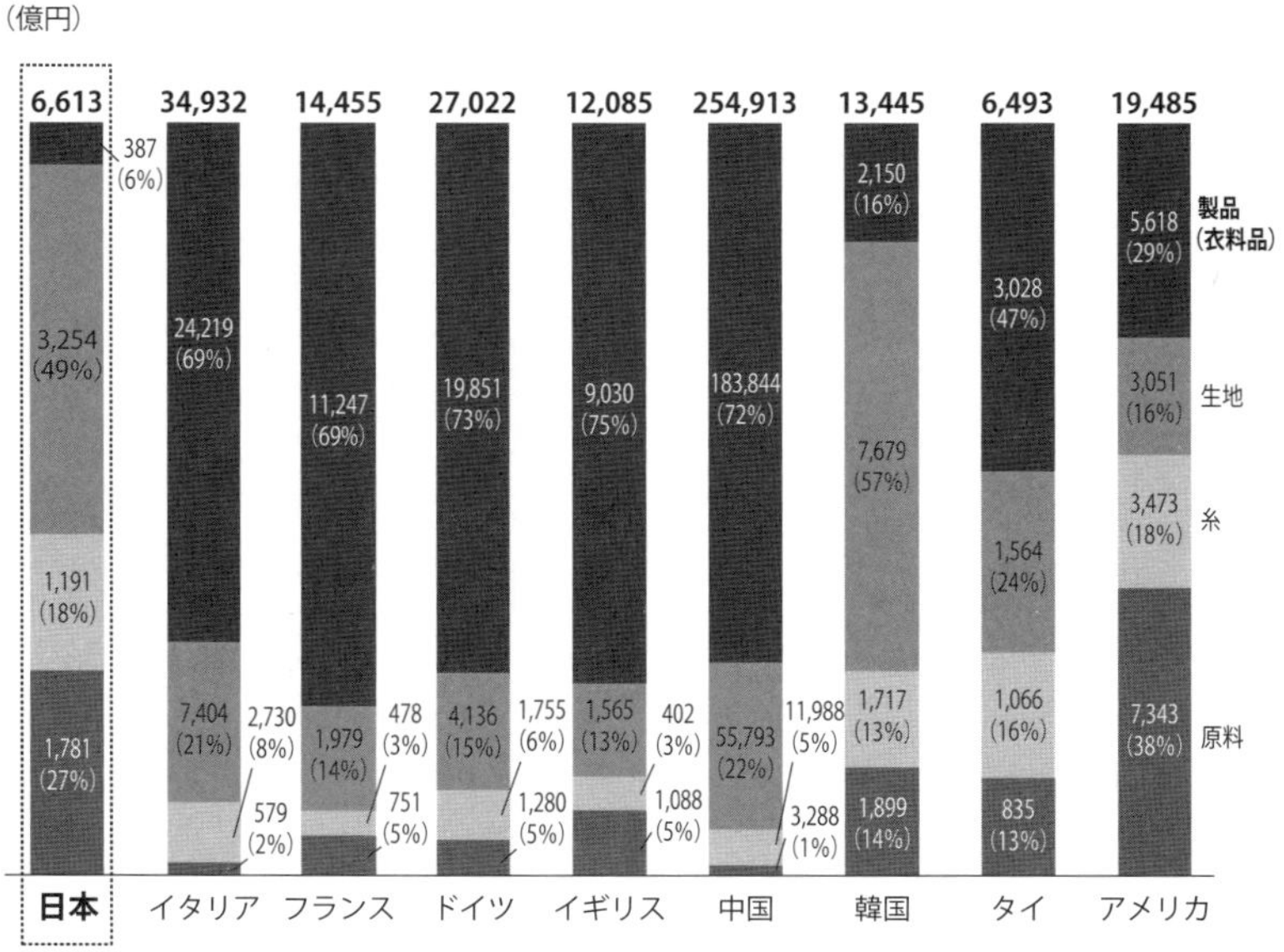

出所：各種資料をもとにローランド・ベルガー作成

ると、**日本が特殊な構造となっている**ことがわかる。その理由は2つある。

❶衣料品の輸出が極端に少ない

まず、衣料品の輸出額が極端に少ないことにある。

イタリアは約2・4兆円、フランスは約1・1兆円の衣料品を輸出しているのに対し、**日本はたった400億円弱**だ。

製造業の空洞化が叫ばれるアメリカでさえ、約5600億円の衣料品を輸出している。

国内にアパレル企業はたくさんあり、巷には国内ブランドがあふれかえっている。にもかかわらず、**約9兆円の国内市場に頼り、海外に輸出できる国内生産ブランドはほとんど育っていない。**

ちなみに、ユニクロや無印良品はほぼ国産ではないので、もちろん製品輸出額にはカウントされない。

❷海外で注目される生地を大量に輸出している

一方で、生地に目を向けると、話は変わってくる。

国産生地の輸出額は約3250億円で、イタリアの約半分だが、**フランスやイギリスの生地輸出額を上回っている。**

世界最大の生地見本市、フランスのプルミエールビジョンにおいても近年、多くの国内テキスタイルメーカーが出展している。

日本の生地は、世界で高く評価されているのだ。

東レや帝人のような大手化繊メーカーの素材だけでなく、中堅・中小企業の国産生地が、そのクオリティや独自性で支持を得ている。ロータス天竺やキング裏毛を開発した和歌山の「エイガールズ」や、超高密度の合繊織物を開発した福井の「第一織物」などは、その代表例だ。

しかしながら、衣料品のコスト構造を分解してみると、**原材料費は価格の10〜40%程度にすぎない。**

したがって、最終製品の輸出で稼いだほうが、産業全体としてははるかに効率がいい。日本国内には、海外の注目を集める高品質の産地や工場があるが、それを**付加価値の高い最終製品やブランドに変えられる企業やデザイナーがあまりにも少ない**のが現状だ。**大きな国内市場に甘えてガラパゴス化し、製販の分断が起こっている。**

これが日本のアパレル業界の「構造的な問題」である。

▼生産現場の重要性とは

海外でその独自性が評価され成長しているブランド「ビズビム」のクリエイティブディ

レクター中村ヒロキ氏は、次のようにいう。

「**日本の産地にはすばらしい職人と技術があるにもかかわらず、残念ながら活かしきれていない。**僕らクリエイターが、もっともっとがんばらなくてはならない」

中村氏は、産地に足しげく通い、継承されている伝統技法を、自身のブランドで新たな価値に変えている。

たとえば、奄美地方に伝わる泥染めや福島の真綿の製法技術を活用して、独自性の高い新製品をつくり出し、世界で高く評価されている。

「ビズビム」にかぎらず、これまで世界で評価されてきたコムデギャルソンのような日本のデザイナーズブランドでは、デザイナーやクリエイティブチームが、実際に産地に足を運んできた。

工場や職人と対話を行う中で、協働で新しい素材を開発し、クリエーションの質を高めてきた歴史がある。

デザイナーと産地が身近な関係を保ち、お互いを刺激しながらコラボレーションしていくことは、クリエイティブが肝のラグジュアリーブランドになるほど重要だ。

実際、ルイ・ヴィトンやエルメスなどフランスのラグジュアリーブランドは、オートクチュールの生産で重要なアトリエと呼ばれる工房を早くから保護し、職人を大切にしてきた。

ブランドビジネスにおける産地、生産現場の重要性を、昔から理解していたからである。付加価値の高いデザイナーズ・ラグジュアリーブランドが育ち、取引量が増えることで、生産側にも、次のようなメリットがある。

- **賃金が上がり、小ロットで低単価・短納期の仕事から解放され、よりクリエイティブな仕事に集中できる**
- **職人の心身が健康になり、仕事への誇りも高まり、後継者もあらわれやすくなり、技術・事業継承につながる**

繊維産地の活性化と課題解決を目指した学習機関「産地の学校」を運営する株式会社糸編代表の宮浦晋哉氏は、次のように話す。

「日本の繊維産地は高い技術と質の高い製品を育んできたにもかかわらず、下請け構造の中で川下の声が届かず、モチベーションが上がりにくい環境になってしまっている。若い人が入っても環境に馴染めず、なかなか続かない。**産地とデザイナーがもっと直接つながって対話が生まれるような環境をつくり出し、活性化していくこと**が必要だと思う」

▼ジャパニーズラグジュアリーに勝機はあるか

ここまで見てきたように、日本のアパレル業界を再度、活性化するためには、

- **縮小する国内市場ではなく、成長する海外市場に目を向けること**
- **海外で売れる純国産ブランドを育てること**

の2つが必要になる。

そして、付加価値の高い最終製品輸出を増やし、産地や工場を含む産業全体が潤う構造をつくり出さなければならない。

そのためには、高い価格で売れるブランド、すなわち**ラグジュアリー領域で戦えるブランドを増やす**必要がある。

ラグジュアリー市場は、「プレミアムラグジュアリー」と「アクセシブルラグジュアリー」に分けられる。価格帯でいうと、たとえばシャツは「プレミアムラグジュアリー」では7万〜8万円以上、「アクセシブルラグジュアリー」では3万〜7万円程度となる。

イッセイ ミヤケやアレキサンダー ワンのようなデザイナーズブランドは、価格帯としては「アクセシブルラグジュアリー」に含まれる。

一方、「プレミアムラグジュアリー」は日本のブランドにとってはハードルが高い。それは**2つのボトルネックが存在する**からだ。

❶経営管理とクリエイティブの役割分担があいまい

ひとつめのボトルネックは、**ビジネスモデルに必要な経営のピースが不足していること**だ。

「プレミアムラグジュアリー」のビジネスモデルは、いわゆる「ブランド価値」を最大化することで高い収益を生む。

その重要なポイントは、**カテゴリー拡大（ライフスタイル化）によるブランド力と収益性の両立**にある。

「プレミアムラグジュアリー」では、靴やバッグから、香水、アパレル、ひいては時計、宝飾品、インテリア……といったように、アイテムカテゴリーを増やしていく。カテゴリー拡大によって世界観・ブランド力を強化すると同時に、高収益の体質を実現する。

たとえば**バッグは80～90％強の粗利を稼ぐ利益の源泉**だ。

一方、アパレルはロスが大きく、粗利は40％以下に留まる。しかし、ブランドの世界観を伝えるためには、バッグだけでなくアパレルラインによるランウェイショーが欠かせない。

ラグジュアリービジネスでは、多岐にわたるカテゴリーの収益管理とクリエイティブを高度に両立する必要がある。

欧米のブランドでは、**経営管理とクリエイティブは、明確に役割分担される。**

経営管理では、数字に強くラグジュアリービジネスに造詣が深い人材が求められ、そのための人材プールや育成システムが整っている。

日本で「プレミアムラグジュアリー」に移行できそうなデザイナーズブランドは、デザイナー自身が経営とクリエイティブの両面を見ているケースが多い。

そのため、欧米ブランドのようなビジネスモデルの拡張にはいたらず、いつまでもアパレルがビジネスの主軸のままになっているのだ。

❷ブランドストーリーが弱い

2つめのボトルネックは、「プレミアムラグジュアリーブランド」としての**ルーツや正統性の有無**だ。

ラグジュアリーブランドでは、価格の高さを証明するためのブランドストーリー、存在意義や正統性が非常に重要になる。ルイ・ヴィトンやシャネルをはじめ、一流メゾンといわれるブランドには、長い歴史とストーリーがある。

往々にしてそのストーリーは、ファッションや衣服の歴史と密接に関わっている。女性をコルセットから解放したココ・シャネルのストーリーはその典型だ。

日本のブランドは、この「ストーリー」が弱い。

そもそも日本古来のアパレルは和服であり、日本で欧米ブランドを真似たラグジュアリーを発しても「WHY JAPAN ?」となってしまう。

アメリカのラルフローレンでさえ、価格帯をプレミアムラグジュアリーブランドに位置づけるべく時計やインテリアなどカテゴリー拡大をはかっているが、正直うまくいっているとは言いがたい。

そのくらい、**高価格を正当化するブランド価値をつくるのは簡単ではない。**

したがって、**当面は「アクセシブルラグジュアリー市場」、いわゆる「デザイナーズブランド」を土俵とするのが現実的**といえる。

この市場は、デザイナーのクリエイティビティや独自性で勝負しやすく、歴史のない新興ブランドでも十分勝機があるからだ。

▼アクセシブルで勝つための3つの鍵

では、日本が「アクセシブルラグジュアリー」で世界と勝負するために、「成功の鍵」となるのは、いったい何なのか。

その答えは、大きく分けて**「①日本らしさの付与」「②独自性の追求」「③ビジネス基盤の確立」**の3つに分けられる。

❶日本らしさの付与

ひとつめは、ブランドの世界観における「日本らしさの付与」である。

日本らしさといっても、着物テイストや和柄といった**単純なジャポニズムではない**。

日本人デザイナーがパリコレクションでデビューして数十年が経過し、ジャポニズムは、いまや外国人デザイナーも用いる普遍的なテイストとなっている。

一方で、グローバルの消費者やメディアにとっては、「日本のブランドやデザイナー」と聞けば、ブランドの世界観に日本的な要素を期待するのも現実である。

洋服の起源が欧州である以上、**日本のブランドには日本で生まれた理由や背景やストーリー**があったほうが受け入れられやすい。

いま、「日本的な要素」として世界で受け入れられやすいキーワードは**「ストリート」「テクノロジー」「ジャパンブルー」「ジャパニーズ・ミニマル」「アルチザン」**の5つだと考える。それぞれの特徴を、成功事例とともに紹介したい。

◉ストリート

「ストリート」については現在、**ラグジュアリーにおけるグローバルトレンド**になっており、**最も旬なキーワード**である。

日本の裏原文化については海外でもよく知られており、「アンダーカバー」「ア ベイシングエイプ」「グッドイナフ」などのブランドの影響を受けているデザイナーは、エディ・スリマンをはじめ著名人にも多い。

日本の若手デザイナーズブランドにおいても、ストリートテイストのものが増えている。しかし、先にあげた**本家裏原ブランドを超えるものは出ておらず、これらを超える次世代のストリートムーブメントがあらわれるか否かが鍵**となるだろう。

ミニ事例

コムデギャルソン

1973年にデザイナー川久保玲氏により設立されたコムデギャルソン。日本を代表するデザイナーズブランドとして国内外から高く評価され抜群の人気を誇る。

近年はクリエイティブだけでなくビジネスとしても成功しており、2018年5月期の売上げは240億円に達し、直近3年は年率10%近い成長を遂げている。

コムデギャルソンは、現在10以上のサブブランドを抱えるが、ハートと目のマークで有名なプレイコムデギャルソンのように、わかりやすいデザインのブランドも展開している。

なかでも、2018年に立ち上げた新ブランド「CDG」は、ストリートテイストでわかりやすく、キャッチーなデザインが特徴だ。

「CDG」の大胆なロゴデザインをはじめ、コーチジャケットやTシャツ、スニーカーなどのアイテム展開は、流行の**ストリートテイストがふんだんに盛り込まれている。**

さらにECを主要チャネルとした展開を見るに、**グローバルのストリートブームに対するコムデギャルソン流のビジネスの刈り取り方**といえる。

●テクノロジー

「テクノロジー」は、日本を代表するブランドイメージのひとつである。

ソニーやトヨタをはじめとするメーカーのハイテク製品や、「ドラえもん」や「エヴァンゲリオン」などの近未来アニメから連想される**テクノロジーは、典型的な日本のイメージ**だ。

テクノロジーや新しい技術を積極的に取り入れているブランド「アンリアレイジ」は、グローバルでポジティブに受け止められている。**ハイテク素材やデジタルの活用**は、日本発のブランドからもっと出てきてもいい方向性だと思う。

ミニ事例

ユニクロ

ユニクロはアジアだけでなく、いまや欧州やアメリカでも受け入れられている。グローバルでの消費者の声に耳を傾けると、**ハイテク素材を活用した機能性**を評価する声が多い。

たとえば、冬が寒いヨーロッパではウルトラライトダウンやヒートテックといった防寒衣料が話題を呼び、成功している。バイク社会のインドネシアでは、バイクのドライバーが風除けとしてウルトラライトダウンを前から着る光景を目にする。

このようにユニクロは、機能性やシンプルなデザインが評価され、まさにブランドコンセプトである**ライフウェア**としてグローバルに浸透している。

◉ジャパンブルー

「ジャパンブルー」は、**岡山県倉敷市発祥のデニム**をはじめとして成功を収めた。そもそも「ジャパンブルー」という言葉は、明治時代に渡来したイギリス人科学者R・W・アトキンソンの言葉といわれている。

アトキンソンは当時、庶民の間で普及していた藍染め製品に魅了され、その青を「ジャパンブルー」と呼んだ。

現在、この藍色を生み出す「インディゴ」と呼ばれる染料は、グローバルでは大半が人工染料となっている。そのため、**日本の藍染めのように、天然染料を用いたアプローチができる生産背景は大変貴重**だ。

人工染料と天然染料とでは、やはり風合いや色落ちが異なる。岡山県のデニム生地が世界中のブランドから引っ張りだこなのを見れば明らかだ。

「ジャパンブルー」の活用は、日本の伝統をわかりやすくアピールする方法のひとつといえる。

ミニ事例

45R

日本古来の藍染めのデニムやアイテムをブランドの世界観にうまく活用し、高品質なカジュアルウェアを展開する「45R」という日本のブランドがある。

品質にこだわった天然素材や、インディゴ染め・藍染めを使ったテキスタイル、独特の風合いと着心地を実現した縫製が特徴的で、**ものづくりの多くを国内の産地で行っている**。デニムについては、すべての工程が国内だ。

海外でもその独自性が評価されファンも多く、２０１９年現在、ニューヨークやパリをはじめ、海外で17店舗を展開している。

２０１７年には、クールジャパン機構が出資を行い、海外展開の支援を開始した。今後のグローバルでの成長が期待できる日本のブランドだ。

藍染めのテキスタイル
（写真提供：45R）

◉ジャパニーズ・ミニマル

「ジャパニーズ・ミニマル」とは、いわゆる「わびさび」のような様式美を意味する。

この日本的なミニマリズムは、**禅（ZEN）の世界を想起させることから、海外でわかりやすいキーワード**となっている。

アップル創業者のスティーブ・ジョブズをはじめ、ＺＥＮに傾倒した海外セレブたちのおかげで、「ＺＥＮ」はいまや世界にそのまま伝わる言葉となった。

ミニマリズムそのものは欧米にもある概念・様式だが、そこに**和のテイストや日本的な様式美を加えたジャパニーズ・ミニマルは、日本固有のコンテクストとして伝わりやすい。**

ブランドの世界観に取り入れやすい、ひとつの要素になるだろう。

ミニ事例

良品計画

無印良品は近年、海外で成功を収めている。

その成功の背景には、シンプル、ミニマルといったブランドの世界観と「日本」との結びつきがある。その飾り気のない商品群や店舗の雰囲気は、外国人から見るとZENのイメージを想起させ、日本「らしさ」につながっている。

また、**ブランドを否定したブランド**という創業来のコンセプトも、グローバルに響く普遍性がある。

無印良品はとくに中国で大成功しているが、個々の商品力もさることながら、このような根底にある思想が中国人に響いていることも大きい。

中国人は一般的にブランド好きと思われるが、若い世代を中心に、過度なブランド露出や派手な格好は控えたい、一方で身に着けるものにはこだわりたいという層も増えており、無印良品のファン層となっている。

◉アルチザン

最後のキーワードは「アルチザン」である。

アルチザンはフランス語で**「職人」**を意味するが、**職人のこだわりを感じさせる製品は、日本らしいイメージとしてとらえられることが多い。**

とくに、近年世界から注目されている繊維や生地ではそれが顕著で、職人のこだわりや匠の技術が感じられるテキスタイルは高く評価されている。

ファッションだけでなく、料理、美術、工芸などにおける日本製品に対して海外が共通してもつ価値イメージは、**こだわり、伝統、品質の高さ**といった、アルチザンの背景を感じさせるものだ。

その価値イメージを想起させるようなブランドの世界観構築は、グローバル化に向けたひとつのアプローチといえる。

ミニ事例

サカイ

近年海外で大成功を収めているデザイナーズブランドのサカイは、ハイテク素材を上質なラグジュアリー素材にミックスしたハイブリッドスタイルを確立している。

そこには「テクノロジー」と「アルチザン」という対極的な要素が、デザイナー

毛皮を使用した異素材ミックスの作品
（写真提供：サカイ）

阿部千登勢氏の鋭い感性のもと両立している。

これらのキーワードは択一ではない。むしろ複数の要素を織り交ぜながら、ブランド独自の空気感をつくり出すことが重要だ。

サカイのように、**複数の日本的要素やその現代的な解釈を融合して深みのある世界観を築くこと**が、「成功の鍵」だろう。

❷独自性の追求

アクセシブルラグジュアリーにおける成功の鍵の2つめは、徹底的な「独自性の追求」である。

言葉で書くと簡単に聞こえるかもしれないが、必要なレベルは非常に高い。特定の人たちに熱く支持されるようなブランドの世界観を構築しなければならない。

独自性を発揮するポイントは、素材・縫製・デザインなどの製品面だけではない。**ビジュアルイメージや店舗での顧客接点やコミュニケーション、ブランドやデザイナーの背景にあるストーリーや哲学**など、一貫性をもちながら、複数にまたがるのが理想だ。

グローバルで俯瞰《ふかん》的に見ると、現代は消費者の多様化と同質化が同時進行している。一国の中では多様化していく消費者が、**国境を越えてデジタルにつながり、グローバルで同質のグループを形成している。**

このようにコミュニティがボーダレス化し、情報の伝達が圧倒的に早い現代では、**「グローバルニッチ」という戦略が立てやすい。**

一国の市場では成り立たないほどニッチなブランドでも、世界のどこかにいる特定の人たちに響けば、ビジネスが成立するのだ。

これはアートや音楽の世界でも同じで、ユニークな才能や作品は、日本よりもグローバルのほうが早く受け入れられたりする。

ファッションでも、売るつもりがなかった1点もののオブジェやサンプルが、「越境EC」によって売れてしまうという話をよく聞く。

筆者はこのような新しいラグジュアリーブランドのあり方を**「パーソナル・ラグジュアリー」**と呼びたい。

社会的地位や自己顕示的なラグジュアリー消費を促すのではなく、**個人の感性・価値観に深く響く個人の喜びに立脚したラグジュアリー消費**を促すブランドである。

ミニ事例

ビズビム

アメカジと伝統技術がリミックスした靴
（写真提供：ビズビム）

ビズビムは、アメカジと世界中の伝統技術・意匠をリミックスしたユニークなデザイナーズブランドだ。２００１年に中村ヒロキ氏が立ち上げ、当初は靴、スニーカーからはじめ、現在はアパレルも展開している。

ビズビムはグローバルで高く評価されており、すでに海外売上げが60％を超えているが、特定の地域や国に依存していない。**ビズビムの世界観や独自性に惚れ込んだファンが世界中に散在しており、越境ＥＣやインバウンドで購入している**のだ。

エリック・クラプトンや木村拓哉など、著名人にもファンが多いと言われており、知る人ぞ知るパーソナル・ラグジュアリーの典型例といえる。

中村ヒロキ氏は次のように話す。

「アジアの顧客も、アメリカの顧客も、言葉は違えど、みんな近い感覚や考えをもっています。よいものを長く使いたいとか、経年変化に喜びを感じるとか、本質的なものを素敵だと感じるとか、深いところの価値観で共感しているのだと思います」

❸ビジネス基盤の確立

最後の鍵は「ビジネス基盤の確立」である。

「ビジネス基盤の確立」とは、会計・経理・財務、取引先のマネジメント、組織づくりなど、**ビジネスのオペレーションを確立していくために必要なピースの総称**だ。

いま述べてきた「①日本らしさの付与」「②独自性の追求」という2つの鍵は、才能のあるクリエイティブディレクターであれば、無意識のうちにクリアすることがある。

しかしながら、最後の鍵である「ビジネス基盤の確立」はそうはいかない。

成功したデザイナーであっても、パートナーやチームがこれを補うケースがほとんどだ。歴史を見れば、イブ・サンローランを支えたピエール・ベルジェ、ジョルジオ・アルマーニを支えたセルジオ・ガレオッティがその好例だ。

彼らが偉大なデザイナーに足りないビジネススキルや資金面での課題を補い、経営に安定をもたらし、ブランドの成長に大きく貢献したことはよく知られている。

中長期的なブランドの発展に向けて、**クリエイティブと経営管理は役割分担を行い、チームで運営していく体制を早期に整えたほうがいい。**

昨今は、ビジネスの体制づくりを支援する事業者やプライベートエクイティファンドも出てきているが、そういった外部のサポートも活用しながら、手堅いビジネス基盤を早期に構築すること。

それが最後の鍵である。

ミニ事例

ＬＶＭＨグループ

ＬＶＭＨグループは、ルイ・ヴィトン、クリスチャン・ディオール、ケンゾー、モエ・エ・シャンドンなど約60のブランドを抱える、フランスのコングロマリットである。

ＣＥＯのベルナール・アルノー氏が、１９８４年にクリスチャン・ディオールを保有していた繊維会社を買収したのを皮切りに、数々のブランドを傘下に収め、世界最大のラグジュアリーグループに育てあげた。

ＬＶＭＨグループが傘下のブランドに提供するのは、平たくいえばデザイナーがクリエイティブに集中するための優れたビジネス基盤だ。

――だからこそ、喜んでグループに買収されるブランドがあとを絶たない。

▼トレンド市場を狙うなら「ゼロベース」で考える

ここまで「アクセシブルラグジュアリー」、すなわち「デザイナーズブランド」で日本が世界に勝負するために、何が必要かを論じてきた。

しかしながら、デザイナーズブランドだけにしぼってしまうと、業界全体では課題が残る。

なぜなら、**スケールメリットが利きにくい**からだ。

仮にコムデギャルソンと同規模のものを10ブランド立ち上げることができたとしても、最終製品の輸出額は3000億円にも届かないだろう。それでは1兆円以上輸出しているフランスやイタリアの足元にもおよばない。

日本が輸出規模を大きくするためには、**トレンド市場などスケールメリットが利く市場へのアプローチ**も必要になる。

国内のトレンド市場は、これまで述べてきたとおりガラパゴス化しているため、あまり参考にならない。

しかし世界を見ると、中価格帯のトレンド市場でもグローバル化に成功し、スケールの大きいビジネスを展開しているブランドがある。世界で２４７店舗を展開しているH&Mグループの**「コス」**や、スペイン・バルセロナ発で世界に約３２０店舗を展開している**「デシグアル」**などがその最たる例だ。

このように、トレンド市場であっても、**独自の世界観・価値観をもつブランドをつくることができれば、グローバルで展開できる**可能性は十分にある。

しかし日本では、百貨店ブランドもセレクトショップも、タグを外せばどこのブランドかわからない、似たような衣服があふれ、同質化している。

このような指摘をすると、業界の方々からは「いや、うちとあそこではここが違う」と反論があるかもしれないが、グローバルの視点で見ると、そのほとんどが「微差」でしかない。

肝心の独自性やアイデンティティが抜け落ちているのだ。

同質化の原因は、コレクションからトレンドを拝借して商品をつくり、フォロアー層に消費させるというビジネスを繰り返してきたことにある。結果として、**微差のブランドがひしめきあい、消耗戦を繰り返すというガラパゴス市場**になってしまった。

したがって、**中間価格帯でグローバル化を狙うなら、「いまあるブランドで勝負しよう」という発想はやめたほうがいい**だろう。

グローバル市場をターゲットとした**新しいブランドを、ゼロベースで立ち上げたほうが**

いい。

価格帯は少々上だが、236ページで紹介した「45R」は、まさにグローバル基準の独自性や世界観をもっている。

▼同調圧力が日本のアパレルをダメにする

ここまで読んで、すでに気づいた読者もいるかもしれないが、独自性や個性が起点となるファッションビジネスは、日本人にはあまり向いていない。

ファッションブランドというものは、どんなジャンルのものであっても、**創業者やデザイナーの強烈な個性、主観が中心となって形成される。**

個性が重視される文化の中で、一心不乱に独自のクリエイティビティや思想を磨いてきた人間が、その個性を「衣服」に昇華させたものが、ファッションブランドなのだ。

同調圧力が強く、集団性や調和が重視される日本は、独自性のあるファッションブランドを担う個人を生む文化的な土台が弱い。他人との差異化や自己表現のためのおしゃれなのに、皆が同じトレンドを向いてしまう日本のマーケットを見れば、それがよくわかる。

加えて、ブランドビジネスにおいては、そのブランドを支えるコミュニティの影響力が重要だ。

マイケル・コースやトリーバーチなど、アメリカのアクセシブルラグジュアリーブランドが世界的に人気となったのは、ハリウッドセレブやアメリカの富裕層からの発信力によるところが大きい。

極論をいえば、**影響力のある人物やコミュニティからの支持**が得られれば、中身を問わずグローバルでも流行るのだが、ご存じのとおり、この点でも日本は弱い。

日本人のグローバルに対する発信力・影響力に課題が多いことは、英語力も含め説明するまでもない。このように、日本人がグローバルでファッションビジネス、とくにブランドビジネスを志向するとなると、ハンディキャップがとても多い。

しかし、**国内市場の縮小が避けられない中で、産業を維持するためには、グローバル化は必須の条件**だ。

デジタル化とグローバル化が進む中で、前述の「グローバルニッチ」のような戦略をとることもできるし、日本の文化的な豊かさを活かせば、独自性のあるブランドを生み出すことは十分可能だ。

また、デザイン面ではなく、新しい発想のビジネスモデルやサプライチェーンで独自性をもつ方向性もある。

同質化した国内で評価されるブランドではなく、最初から世界基準を見据えたブランドをつくることが重要なのだ。

また、独自性についてはブランドの世界観だけでなく、ビジネスモデルも含めて多面的に考え抜くことが、世界基準で勝ち残るための鍵となる。

▼マスボリューム市場の可能性を探る

ここまでラグジュアリーからトレンド市場について見てきたが、その下の **「マスボリューム市場」** を起点とした可能性はないのだろうか。

日本のマスボリューム市場では、すでにユニクロや無印良品のようなグローバルでの成功例が出ているものの、**生産背景は海外中心となっている。** そのため、原料調達を担当する商社やアパレルOEMのマツオカコーポレーションのように、グローバル産業に関われる国内プレーヤーは大手のみだ。

従来のアパレル産業を前提にして国内の生産背景を利用しようとすると、トレンド市場の価格帯でないとペイしない。

しかしながら、**ECとAIの発達にともない、この常識が覆される**かもしれない。

たとえば、第4章で紹介したイギリスの「ブーフー」は、イギリスの生産背景を活用して低価格のファストファッションを展開している。

最初は小ロットで生産し、ECでのテスト販売で需要を見定めてから生産量を決める方式をとっているため、極めてロスが少ない。

EC直販で消費者とダイレクトにつながるDtoCモデルを取り入れて、マーケットの最新動向に即したファストファッションビジネスが展開できている。

そして、マーケットに素早く対応するためにはリードタイムを極力短縮する必要があるため、生産背景は消費地近接の国内ということになる。

原価は外国生産より高くなるものの、販売・在庫ロスが少ないので無駄がなく、さらに店舗をほとんどもたないため、利益が残るモデルとなっている。

このように、**ビジネスモデルを工夫すれば、国内背景を活用しながら「マスボリューム市場」で利益を出すことは十分可能**である。

▼マスでの成功の鍵は「デジタル・ファストファッション」

EC特化型の「デジタル・ファストファッション」、すなわち**消費者の求めるものをいち早く低価格で直接届けるというDtoC型マーケットインアプローチ**は、世界の新しいトレンドになりつつある。

大型店で店頭在庫を積むため、どうしても売れ残りが出てしまうこれまでのストア型ファストファッションと比較すると、はるかに無駄が少ないため、サステイナブルを重視する風潮にも合致する。

実際にグローバルでは、**従来のストア型ファストファッションは、一概に「勝ち組」とはいえなくなってきている。**「フォーエバー21」や「トップショップ」のように、成長に限界が見えはじめたプレーヤーも出てきている。

これまで「勝ち組」と称されてきたH&Mでさえ、直近では過剰在庫に苦しみ、業績が悪化している。

勃興する「デジタル・ファストファッション」が、すでに従来のストア型ファストファッションをディスラプト（破壊）しはじめているのだ。

これを受け、ZARAを擁するアパレル売上高世界首位の「インディテックス」も、急速なECシフトを進めている。

同社は2018年末をめどに、全世界約2200店でEC受注への店舗在庫引き当てと店舗出荷を開始したようだ。これは「店舗オペレーションを犠牲にしてもECを伸ばす」という経営判断である。

また、アジアにも同様のプレーヤーが生まれはじめている。

タイ発の「デジタル・ファストファッション」である「ポメロ（Pomelo）」は、東南アジア初のファストファッションブランドとして注目を浴びている。

2017年末には、中国EC大手のJDとインドネシア投資会社から1900万米ドルの資金調達に成功しており、ZOZOも子会社のファンド（STV FUND）を通じて出資している。

売上げ規模はまだ小さいが、今後同様のプレーヤーがグローバルで増えていくだろう。

▼日本は「デジタル・ファストファッション」を生み出せるのか

日本においても、同様のモデルを活用したブランドをつくれる可能性は大きい。日本は良質の生産背景を抱えており、うまくスケールすれば日本発の「デジタル・ファストファッション」ブランドをつくることも夢ではない。

国内でもすでにEC専業プレーヤーは出てきている。

ただし、ブーフーのようなテスト&リピートは導入しているものの、需要予測やデザインにおけるAIの活用はまだ少ない。**日本のアパレル業界がテクノロジーにうといこと、良質なエンジニアが業界で不足している**ことがその原因である。

しかし、国内でも「ABEJA」や「ファッションポケット」のように、ファッション領域でもAIを活かしたスタートアップが登場してきており、協業も可能だ。

ただし、「デジタル・ファストファッション」ブランドとして成功するためには、**中期的にはエンジニアリソースを内製化して、社内にノウハウを貯めていくこと**が必要だ。

なぜなら、**「デジタル・ファストファッション」の肝は、企画・生産・販売のプロセスにおいて、テクノロジーをいかに効果的に使えるか**にかかっており、それが**ビジネスモデ**

ルの独自性や価値につながるからである。

▼「独自性」の創出が共通課題

ラグジュアリーやデザイナーズブランドのビジネスモデルは、いわば企業が主体となるプロダクトアウト型だが、「デジタル・ファストファッション」は、消費者が主体となる究極のマーケットイン型である。

したがって、独自性のつくり方はもちろん、テクノロジーの導入方法や社内リソースのもち方も、それぞれのビジネスモデルで異なるのが当然だ。

これまで指摘したように、皆で同じトレンド、正解を追いかけることで安心してしまうのは、日本人の悪い癖である。

テクノロジーも重要だが、それ以前に**自社のブランド、ビジネスモデルがどんな独自性をもち、どうやって他社と差別化するのかを明確にする**ことが求められる。

実際、シャツに特化したSPA業態をつくった鎌倉シャツは、独自のビジネスモデルでコストパフォーマンスに優れた製品を生み出し、本場ニューヨークでも成功している。

ストレッチパンツに特化したブランド、ビースリーを運営するバリュープランニング社も同様だ。同社は創業当初より、セールを行わない、省スペースで販売するなど、従来のアパレルのビジネスモデルを否定したモデルで成長を遂げた。

これらはまさに**「ビジネスモデルの独自性」を追求することでユニークなポジションを築いた典型例である。**

日本人が苦手としがちな「独自性」をどこでつくるのか。

クリエイティブなのか、ビジネスモデルなのか、はたまたサービスなのか。

グローバルで成功するためには、価格帯を問わず問われる永遠のテーマである。

▼川上・川中の生産背景に必要な心構え

ここまでは、主に川下のブランド側から考察を進めてきた。

では、川上・川中に位置する縫製工場や産地は、川下のブランドが成長するのを待つしかないのだろうか。

それでは、あまりにも他者に運命を委ねすぎているといえるし、そもそも、日本のブランドが成長していく保証はどこにもない。

したがって、ここでは川下に頼らない、**川上・川中独自の成長戦略**についても筆者の考えを記したい。

デジタル化にともない、グローバルでは製造業のサプライチェーンやエンジニアリングチェーンの見直し・変革が進んでいる。

消費から生産までデジタルにつながるようになったことで、マス・カスタマイゼーション、生産工程やメンテナンスの見える化・自動化など、さまざまな取り組みが行われている。

アパレル業界では、製造工程の異なる多くのアイテムが存在し、多くの中小企業がサプライチェーンを担っているため、他業界のようにダイナミックな動きにはならないものの、デジタル化の恩恵を享受することはできる。

川下との仕様のやりとりやサンプル作成、裁断までの流れなどをデジタル化できれば、効率化の余地は非常に大きい。

デジタル活用によって標準化が進むので、**海外企業とのやりとりもスムーズに行うことができる。**

川上・川中の企業は、これまでの取引先にとらわれず、デジタル化を通じて海外の取引先を増やすことができれば、大きく飛躍できる可能性がある。

▼川上・川中の勝機は海外展開にある

日本の産地に点在する中小の工場には、きらりと光る技術や強みをもっているところがたくさんある。

その技術や強みを、海外に展開するのだ。

グローバルにおけるブランド間の競争は、いっそう激しさを増しているため、ラグジュアリーブランドは、世界観を強化するユニークで質の高い生地や製法を常に探している。意識が高く実力もあるテキスタイルメーカーは、すでに海外ブランドとの直接取引を増やしている。

丸編みニットで名高い和歌山の老舗「エイガールズ」は、5年以上前からアメリカのデザイナーズブランド、ジェームス・パースに生地を提供している。

デザイナーのジェームス・パース本人が、同社の生地に惚れ込んだのがはじまりだ。

海外取引が増えているのは英語を話せる幹部人材がいたことも大きいようだが、何よりも同社の生地の独自性、質の高さによるところが大きい。

今後はジェームス・パースのサプライチェーン見直しにともない、同社のOEM生産を請け負う方向にまで関係性が発展している。

日本の生地輸出がフランスよりも多いことはすでに触れたとおりだが、今後はデジタル化を進め、たとえば**生地見本がウェブですべて閲覧できるようになるだけで、グローバルでの取引が増えていくだろう。**

縫製工場も、仕様のやりとりやコミュニケーションでデジタルプラットフォームをうまく活用すれば、取引先を増やすチャンスが広がる。

日本の生産背景は海外から評価されており、第2章で紹介した「シタテル」（90ページ）のようなプレーヤーに、海外ブランドから直接声がかかるケースも増えている。

プラットフォームを通じて、海外ブランドと国内縫製工場との取引が増えれば、さらなる成長にもつながるだろう。

デジタルを活用して取引先を増やし、海外のプレーヤーとつながること、そのつながりを強化しながら、個々の強みを磨いていけば、再成長の機会は必ずある。

▼ドイツの「インダストリー4・0」に学べ

川上・川中の企業は**「自社の強みや技術力は何か」を意識することが重要**だ。

一般的に、デジタル化が進むと、バリューチェーンにおいて**「スマイルカーブ現象」**が起きる。

「スマイルカーブ現象」とは、川下側で顧客を握ったプレーヤーと、川上で重要な部品や原材料を握ったプレーヤーが高収益を上げ、その間で製品をつくるプレーヤーが低収益となる現象だ。

エレクトロニクス分野ではすでにこの現象が起こっており、今後デジタル化にともなって、さまざまな業界で起こりうるといわれている。

アパレル業界でも、生産ラインが標準化されスマートファクトリー化が進めば、この現象が顕著になるかもしれない。

だからこそ、**自社の付加価値、他社にはできないことを磨き込む**ことが重要だ。日本と同じように中小企業が多いドイツでは、中小企業の取引の50％以上が、国境を越えたクロスボーダー取引である。

ドイツ政府が奨励するデジタル化のコンセプト「インダストリー4・0」のもと、製造業においてIoTやビッグデータ活用が進み、生産性・効率性が大きく高まり、好調が続いている。

しかしながら、「インダストリー4・0」のような高度な取り組みが、さまざまな産業で横断的に進む背景には、ドイツ国内の情報基盤がしっかりしていることがある。30年以上前から業務の標準化とシステム化をこつこつと続けてきた結果、**中小企業でもITインフラが整っている**のだ。

日本のアパレル産業も、国内市場の縮小を転機ととらえ、**仕様・オペレーションの標準化やデータのデジタル化**に本気で取り組むべきではないだろうか。そして、オールジャパンのような聞こえのいい言葉にまどわされず、単独でデジタル化とグローバル化を果たすくらいの気概が重要だ。

繰り返しになるが、**アパレル産業は、グローバルでは成長産業**である。

ひょっとしたら、国内アパレル産業の再興は川下起点ではなく、川中・川上起点なのかもしれないのだ。

▼2030年、負け組企業にならないために

これまで説明してきたように、2030年までのアパレル業界を取り巻く環境変化は、非常に激しい。

市場が縮小していく中、デジタルネイティブ世代が消費の主役となり、選ばれる企業とそうでない企業がはっきりするだろう。

とくに厳しいのは、トレンド市場からマス市場である程度の規模になっている中堅アパレル企業である。

国内売上げは下がり、かといって海外にも出られず、縮小均衡のダウンサイクルから抜け出せなくなる。吸収合併や市場からの退場を選択する企業も出てくるはずだ。

このような中堅アパレル企業が再起するには、どうしたらよいのだろうか。

私なら、**人事制度**から手をつける。具体的には、**デザイナーと販売員の待遇改善**だ。

それぞれの理由を説明したい。

❶個性を磨く機会のない「デザイナー」

多くのアパレル企業で、一番高い給与をもらうべきなのは役員ではない。**優秀なデザイナーと販売員**だ。

国内アパレル企業のひとつの課題として、企業内デザイナーを育成できていないことがある。

サラリーマンと同じような給与システムで、大した権限も与えられず、リスクをとる機会もない。これでは、個性があったとしても磨かれないのだ。

本来デザイナー、とくにクリエイティブディレクターは、**結果責任は追うが、その分報酬も大きいプロフェッショナル職**であるべきで、若いデザイナーや社員から憧れられるスターでなくてはならない。

そのような人間でないと、グローバルで通用するブランドはつくれない。

前述したとおり、ファッションブランドは、デザイナーや創業者の個性や独自性を起点とするビジネスだ。

価値の源泉となる人物が一番報われるべきで、サラリーマン化して昇り詰めた役員が高い報酬をもらっているような会社は、間違いなく厳しい状況になるだろう。

❷低賃金で会社を支える「販売員」

販売員も同様だ。国内のアパレル業界には、販売員の力で何とかもっている会社がたくさんある。

個性のないブランドにもかかわらず、**販売員ががんばってお客様とのリレーションを保ち、何とか売上げをつくっている**というケースが散見される。

しかし、たいていは時給が低く、報われていない。本社から切り出された販売子会社所属で、給料が低く抑えられていることも多い。

このような中でモチベーションを高く保ち、スタッフのマネジメントもしながら、店を切り盛りして売上げをつくっている店長クラスの販売員は、もっと手厚く報われるべきである。

つまりアパレル企業は、

- **自社の価値の源泉はどこにあるのか**
- **誰が価値をつくっているのか**

その2つを、もっと真摯に考えるべきだ。

そして、他業界から見ても、柔軟で魅力的な報酬制度をつくることが必要である。

いま、国内アパレルはかつてない人手不足に陥っており、2030年に向けてさらに需給ギャップは拡大していく。業界をまたいだ人材の取り合いは、ますます激しくなるだろう。

本書で何度も言及しているデジタル化についても、残念ながらテック系の優秀人材は、給与水準の低いアパレル業界に見向きもしない。**他業界と比べても魅力ある職場環境や報酬制度を考えないと、たんなる人手不足だけでなく、高齢化と硬直化が進む悪循環に陥ってしまう。**

服飾系専門学校の入学者が減り続けていることからも、若者からみて業界の魅力度が下がっていることがわかる。

アパレル企業の経営者には、ぜひ**デザイナーと販売員に光があたり、若者から憧れられ、結果人材が集まるような職場環境と報酬制度**を用意してほしい。

▼才能ある日本人デザイナーがビジネスで成功するために

これまで説明してきたように、全体を見れば同調圧力が強く、個性に乏しい日本人は、アパレルビジネスに不向きである。

しかし、コムデギャルソンの川久保玲氏や山本耀司氏のように、際立った世界的デザイナーを生んできたのも事実である。

2016〜2017年のパリ秋冬コレクションでは、**パリでショーを行った47ブランド**

のうち、10ブランドが日本のものだった。

パリコレに出たデザイナーの5人にひとりが日本人という状況も国籍ランキングでいえば、トップに近い位置づけだ。

にもかかわらず、グローバルビジネスで成功しているブランドやデザイナーを生み出せているかというと、いまだ課題が多い。このあたりが日本的な奥ゆかしさでもあり、外国人から見て興味深いところなのかもしれない。

今後、日本が、**グローバルに通用する傑出した個を生み出していく**ためには、何をすればよいのだろうか。

筆者の考えでは、大きく「2つの改革」が必要になる。

❶ファッション教育の強化

ひとつめの改革は、**国立大学におけるファッション教育の強化**である。

私学が強いアメリカと異なり、日本の大学教育システムの最高峰は国立大学だ。人文科学、自然科学、社会科学においては東京大学や京都大学だろうし、美術や音楽であれば東京藝術大学だろう。

残念ながら、これらの大学にファッションデザインを専門的に学ぶ学科は存在しない。

山本耀司氏が慶應義塾大学を卒業したあと文化服装学院に入学しなおしたように、日本のファッションデザイン教育は、これまで**専門学校が担ってきた**のだ。

一方で、世界を見ると有名なファッションの教育機関は、基本的に大学が担っている。アレキサンダー・マックイーンなど、数々の有名デザイナーを生んだイギリスのセント・マーチンズは、ロンドン芸術大学のカレッジのひとつだ。同じくファッションスクールの御三家として有名なベルギーの王立アントワープ芸術学院やニューヨークのパーソンズ美術大学も大学である。

これらの学校は**総合芸術大学であり、専攻分野のひとつとしてファッションデザインがある。**

ところが、日本の芸術大学の最高峰、東京藝術大学にはデザイン科はあるものの、ファッションを専門に学ぶコースは存在しない。

大学と専門学校の優劣を議論したいのではない。日本の専門学校もいい教育をしているし、たくさんの著名なファッションデザイナーを輩出していることも事実である。

ただ、**その国の最高峰である芸術大学にファッション専攻がないことは、その国におけるファッションの位置づけに関わる。**

芸術的に優れた感性をもっているのに、自己表現手段を絞り込めていない優秀な美大生が、ファッション分野に流れてこない構造なのだ。

この大学教育におけるファッションデザイン分野の位置づけは、国として見直す必要があるのではないだろうか。

❷ビジネススキル教育の強化

必要なもうひとつの改革は、ファッション教育におけるビジネススキル教育の強化だ。デザイナーが世界に出て戦うためには、クリエーションのほかにも、プレゼンテーション力やコミュニケーション力が極めて重要になる。

たとえば、**展示会におけるバイヤーとの交渉、コレクションにおけるメディア対応、ファッションコミュニティ内でのふるまい**など、いたるところで自分を表現し、売り込む力が要求される。

これらの能力なくして、世界的コレクションや展示会への参加を通して、ラグジュアリーメゾン、有力メディア、一流小売店のバイヤーで構成される現地コミュニティに認められるのは難しい。

しかしながら、日本人でこれらのビジネススキルに長けたデザイナーは少ない。海外のデザイナーとビジネススキルに差異が生じる要因としては、**教育課程における違い**がある。

日本のファッションデザインスクールにおける教育内容は、クリエーションや製作に関する一般教養に重点が置かれており、**ビジネススキルの養成は手薄に見える**。そもそもビジネススキルを教えられる教員が少ないのかもしれない。

パトロン文化の強い欧米では、ファッションスクールにおいてもブランドを売り込むスキルを学んでいる。入学後1～2年間は、**自分で描いたコンセプトを相手にアピールする**

プレゼンテーション力の強化が徹底的に行われている。

日本のファッションデザインスクールでは、コンセプトが決まるとすぐに個別アイテムのデザインや制作過程へと移行し、プレゼンテーション力を身につけるトレーニングは海外に比べて少ない。

また、欧米のファッションスクールには、世界中から生徒が集まっていることからグローバルに通用するコミュニケーション力（チームワークやリーダーシップ）をおのずと身につける環境にある。

一方、日本のファッションデザインスクールは留学生の割合が低い、またはアジアに偏っており多様性も少ないことから、グローバルなチームを束ねていくクリエイティブディレクターが育ちにくい。

実際に、これだけ多くの日本人デザイナーがいるにもかかわらず、海外の老舗メゾンでクリエイティブディレクターを務めるような人材がいまだに出てこないことからも明らかだろう。

▼厳しいビジネスの土壌がデザイナーを育てる

教育面に加えて、ビジネス環境においても、国内と海外では大きな差がある。

国内市場では、海外ほどデザイナーのコミュニケーション力やプレゼンテーション力が求められない。

しかし海外のコレクションや展示会では、**バイヤーやメディアが多く招かれ、デザイナーに対してブランドコンセプトなどについて鋭い質問が浴びせられる。**デザイナーはこのチャンスを逃さずに、自身のブランドをアピールすることが求められる。そのため、おのずと**コミュニケーション力・プレゼンテーション力が磨かれる**のである。

一方、日本では、デザイナーは展示会前に雑誌やウェブ媒体などでブランドの認知度拡大をはかり、バイヤーもそうした情報を事前に入手したうえで買い付けにくる傾向がある。また、日本のメディアは海外メディアのように、概念的なブランドストーリーやモードのあり方を鋭く問うような取材はあまり行わない。

このように、国内デザイナーは展示会や取材対応などで「ブランドの存在感を強力にアピールしなければならない」というプレッシャーを感じることが少ないため、**コミュニケーション力・プレゼンテーション力を磨く経験を積む機会が少ない**ことも、海外で戦うためのスキルが身につきにくい一因だ。

世界に通用する日本人デザイナーを育て、国内アパレル業界を盛り上げていくためには、教育まで含めた抜本的な改善・底上げが必要だろう。

▼おしゃれできれいな街、東京の魅力

最近、休日に銀座に出かけ、訪日外国人の多さに驚いたという読者も多いかもしれない。銀座ほどではないが、表参道や渋谷でも、たくさんの外国人を見かけるようになった。

とくにファッションに関心が高い訪日外国人は、渋谷から表参道にかけてのキャットストリートあたりを訪れているようだ。

お目当てのアパレルブランドに列をなす中国人の転売屋もよく見かける。

また、最近中国で流行っているライブコマースの動画配信をしたり、懸命にインスタ映えする写真を撮ろうとしたりする中国人も、キャットストリート界隈でよく見かけるようになった。

彼らに話を聞いてみると、**東京は本当におしゃれできれいな街**だという。

とくにキャットストリートをはじめとするいわゆる裏原は非常に魅力的で、歩いていて飽きない、何度でも来たいという人が多い。

東京のファッションストリートは、いまやアジアのファッショニスタにとって憧れの場所となっている。

これはファッションにかぎらず、街並み・食・エンターテインメントなど、すべてが成熟し洗練され、街が独自の魅力を放つようになったからだろう。中国でも同じものを買え

るのに、わざわざ東京に来て買いたいという中国人も多い。
原宿、青山、渋谷界隈は、すでに東京の「ファッション特区」として機能しているのだ。

▼トーキョー「ファッション特区」構想

東京のファッションストリートが活気にあふれ、国際化が進む一方で、２０３０年を見据えると、日本最大のリスク要因である少子高齢化問題が重くのしかかる。

今後は人口が減少するだけでなく、団塊世代のボリュームゾーンが高齢化することで、社会全体が急速に老いていく。

いうまでもなく、**ファッションにおいては、若さから生まれるエネルギーは重要な活力**だ。

ストリート、パンク、グランジなど、若者のムーブメントから生まれるファッションのスタイルも多い。

３人に１人が65歳以上となる２０３０年以降の超高齢化社会で、アパレル産業を盛り上げるのは相当厳しい。**人々や世間の関心は、ある程度実年齢に沿うもの**だからだ。

したがって、**今後アパレル産業を盛り上げていくためには、政策的な取り組みも必要**になると筆者は思う。

たとえば、先に述べたファッション特区のような地域を原宿、表参道、銀座などに設け、**ファッションや美容など文化的な仕事に就く外国人を積極的に受け入れ、彼らが仕事をしやすい環境を整えてはどうだろうか。**

日本の生産背景を活用するブランドは、何も日本のブランドでなくても構わないのだ。若手の中国人デザイナーが、東京で国内背景を使ったブランドを立ち上げれば、産地も潤うし、街にもたくさんお金が落ちる。

「オールジャパン」にこだわるのは、そろそろやめたほうがいい。

ファッション特区では、日本人だけでなく、外国人もファッションブランドを立ち上げやすい環境をつくればいいのだ。

東京はすでに世界中のファッショニスタやアーティストが憧れる場所になっている。**魅力的なビジネスのインフラが整えば、ロンドンのように、世界中から人が集まって、一大ファッションコミュニティとなる**可能性もある。

そうなれば、東京コレクションの地位も大きく上がるだろうし、アジアに対する発信力も絶大なものになるだろう。インバウンドや越境ＥＣも、さらなる成長が見込める。

日本は、文化的な懐の深さや多様性、街の魅力度、自然の豊かさなど、文化産業を支えるインフラにおいては、間違いなくアジアをリードしている。

たとえば、化粧品においてメイドインジャパンは高いブランド力があるため、資生堂だけでなく、ロレアルやＰ＆Ｇ（ＳＫ－Ⅱ）といった外資系企業も日本に工場をつくっている。

とくにプレステージラインの化粧品は、日本で製造し、アジア向けに製品輸出をしている。ファッション、美容などの分野において、日本はアジアで新しいムーブメントを生み出す土壌がある。とくに**高級品については、生産までを担うプラットフォーマーになる**ことを目指してはどうだろうか。

そのために、それぞれの分野のエキスパートが日本に集まり、活動しやすい環境を用意して、ハリウッドのように魅力的なコミュニティを形成するのだ。そうなれば、ファッション産業に熱意のあるアジアの優秀な人材が集まり、オープンイノベーションが自然発生するような街やストリートになる。

ファッションにかぎらず、日本にはたくさんの**文化的コンテンツがある。技術力の高い生産背景**という、諸外国にはない貴重な資源もある。

これらを活かすも殺すも、今後10年が勝負になる。

高齢化や人口減は避けられない現実であり、日本人向けの国内市場は縮小を続けるだろう。

その中で、どのようにグローバル化をはかり、持続的な成長を実現していくか。

これはファッション業界のみならず、日本全体が向き合わなければならない課題である。

◆アパレル市場は大きく「トレンド」「ラグジュアリー」「マスボリューム」の3つに分けられる。日本が新しい価値を創造するなら、トレンドやマスボリュームよりも、アクセシブルラグジュアリーに注目すべきだ。

◆日本が「アクセシブルラグジュアリー」で世界と勝負するためには、「①日本らしさの付与」「②独自性の追求」「③ビジネス基盤の確立」の3つが鍵となる。

◆「トレンド」や「マスボリューム」にも勝機はあるが、そのためにはテクノロジーを効果的に活用した、独自性のあるビジネスモデルを実現することが条件となる。

◆国内アパレル産業には、「①衣料品の輸出が少ない」一方、「②生地の輸出量が多い」という特徴がある。

◆「②生地の輸出量が多い」という生産背景に注目して、独自の新しいブランド価値をつくり上げ、海外展開をはかることが、世界に通用する国産ブランドを育てる鍵となる。川上・川中の生産背景が成長するための戦略でもある。

◆日本では、世界に通用するビジネススキルをもつデザイナーが育ちにくい。教育機関やビジネス環境などの土台から変えていく必要がある。

◆原宿や表参道、銀座など、外国人が集まる街を「ファッション特区」とし、ファッション業界で働く優秀な外国人が集いやすい環境を整えれば、東京がアジア最大のファッションの発信源となり、日本のアパレル産業全体に活気が生まれる。

巻末　特別インタビュー

アンリアレイジ　森永邦彦

最後に、**テクノロジーをさまざまな形で活用し、クリエーションの質を高めているブランド、アンリアレイジ**について紹介したい。

アンリアレイジは、デザイナー森永邦彦氏が2003年に設立したブランドで、ブランド名は「A REAL（日常）」「UN REAL（非日常）」「AGE（時代）」に由来する。

「神は細部に宿る」の信念のもと、非常に手の込んだユニークな作品が特徴的だ。

ブランド初期はパッチワークに傾倒し、1着に2000ものパーツが使われたクラフトワークで注目を浴びた。

以降、誰の体にも合わない形状の服や、「くうき」を形状にした服など、独創的なアプローチによる服づくりが話題を呼んできた。

ショーにおけるテクノロジー素材の活用が増えてきた2010年以降は、**3Dプリンターの活用や機能性素材の開発に傾倒するようになり、人間の視覚や触覚にうったえかける独創的なコレクションを生み出してきた。**

森永氏は、**2019年のLVMHプライズのファイナリストにも選ばれた日本を代表する新進デザイナーのひとり**だ。

パッチワークのジャケット
（写真提供：アンリアレイジ）

ファッション、服づくりにおいてテクノロジーはどのような価値を生むのか、日本発のブランドが独自性をもつためには何をすべきか、森永氏に聞いた。

――コレクションブランドの服づくりにおいて、AIやIoTといったテクノロジーの進化はどのような可能性をもつと思いますか？

森永　可能性は大きいと感じています。実際AIやマス・カスタマイゼーションは、テーマとして取り組んでいます。

ＡＩの分野では、人間とＡＩの協働がテーマです。他の分野では進んでいるが、ファッションでは実現できていません。

たとえば、ＡＩのエラーやバグは、いまは美しいとは思えませんが、**データを**

蓄積し追求することで、人間では生み出せない造形や表現に変えることができるかもしれません。

また、マス・カスタマイゼーションでは、人間の感情に合わせた作品のカスタマイズに取り組んでいます。

——服づくりにおいて、AIはどの程度人に取って代わると思いますか?

森永　トレンド型やマーケットニーズに合わせるデザイナーは、AIによって代替されると思います。一方で、**モードを生み出すコレクションデザイナーは、モードに新しい視点を取り入れて概念を更新することが仕事なので、人間でないとできないと考えています。**

——パタンナーなど、デザイナー以外の領域においてはどうでしょう?

森永　パタンナーもテクノロジーによって、その仕事の多くが不要になる可能性があります。洋服では、これまで2Dの図面を3D化するのがパタンナーの肝であり、重要な役割を担っていました。**そもそもデザイナーが3Dでデザインできるようになれば、パタンナーは不要になります。**実際、彫刻や建築の分野では、デザイン作業が3DCADに置き換わっているのがいい例です。

機能性素材を用いた作品
（写真提供：アンリアレイジ）

――機能性素材など、素材におけるテクノロジーの活用については、どのように取り組んでいますか？

森永　もともと素材に対するこだわりが強く、糸までさかのぼって素材を追求してきました。**ここに化学を導入すると、さらに分子レベルにまでさかのぼって、さまざまな実験をすることができます。**

機能性素材には大きな可能性を感じており、大手化学メーカーと共同研究して素材開発に取り組んでいます。

――パリコレデビューを飾ったコレクション「SHADOW」から、最近の「PRISM」にいたるまで、光と影を機能性素材を用いた作品によってつくり出すアプローチが印象的です。

森永　デザイナー視点で見ると、**テクノロジーは人の新しい感情をつくることができます**。人間の感情の引き出しを、テクノロジーによって形にしているともいえるでしょう。

——テクノロジーが感情をつくるという観点では、世代間によるテクノロジーの受容性が大きな差を生むように思えます。世代間の価値観やテクノロジーに対する意識の違いについてはどのように感じますか？

森永　僕らの世代と比較して、ミレニアル世代やZ世代は違う感覚をもっていると思います。たとえば、子どものころからスマートフォンをもっている世代は、好きな触感からして違います。彼らはつるっとした触感が好きで、質感や重みをあまり実感しません。**このような感覚の微差の積み重ねが、価値観や好みの差につながると思います**。Z世代が伝統的なラグジュアリーブランドよりも、デジタルのスタートアップブランドを好むように。

——国内アパレル市場は厳しく、今後は海外での成長が重要ですが、日本のデザイナーが海外で成功するには何が必要でしょうか？

森永　アンリアレイジは、よく日本らしさがあると言われます。なぜですかと聞くと、**第一に陰影礼讃や色即是空のような日本人独特の思想が感じられること、第二に、日本の最新技術を積極的に取り入れていることを言われます。**

外国人から見ると、日本はテクノロジーのイメージが強いので、日本の産地とテクノロジーをうまく掛け合わせた洋服は受け入れられやすいと思います。

――テクノロジーのほかに、ストリートはどうでしょうか？

森永　ストリートはいわゆる裏原の流れがあり、要素としては重要だけど、僕らの上の世代がつくり出したものです。**僕らの世代はやはり新しい価値をつくる必要があります。**

その点、同世代のパリコレデザイナーでテクノロジーに踏み込んでモノづくりをしている人は少ないので、**テクノロジーは日本人デザイナーとして道を開く可能性のある領域**だと思います。

おわりに　停滞から創造的破壊へ

▼過去の栄光にいつまで縛られるのか

『週刊ダイヤモンド』が２０１８年８月25日号で特集した平成経済全史の中に、興味深い分析がある。

平成元年と平成30年（7月時点）における世界時価総額ランキングの比較だ。

平成元年といえば、日経平均が過去最高となった年だが、その年の世界時価総額ランキングの上位50社中、日本企業はなんと32社を占めていた。１位はＮＴＴ、２位は日本興業銀行、３位は住友銀行であり、海外勢の最高位はＩＢＭの6位である。

それが平成30年には、上位50社のうち日本勢は１社にまで減少してしまった（トヨタ自動車の35位が最高位）。現在の時価総額トップ5は、本書でも登場したＧＡＦＡ（グーグル、アップル、フェイスブック、アマゾンの略）である。

この**日本企業の凋落ぶりは、平成の30年間がどういう時代であったかを象徴している。**

戦後、奇跡の復興を成し遂げた昭和を牽引した高度経済成長期のシステム（民間はボトムアップ型のコンセンサス経営、官は護送船団方式に代表される官僚的な日本型統治）が平成の時代に合わず、機能不全を起こしていたことは明らかだ。

しかしながら、**多くの人が成功体験から離れられず、あるいは薄々、機能不全に気づいていても抜本的な対策をとらず、過去の栄光に甘んじ、ズルズルと惰性に甘んじてしまったのが、平成という時代**だったといえる。

日本型のサラリーマン社会になじんだ団塊世代に人口ボリュームがあることが、改革を遅らせたという側面もある。

実際、停滞の30年間に大きく企業価値を高めた企業には、ソフトバンクやファーストリテイリングのように、従来の日本型企業とは無縁の、グローバル感覚に長けた経営者が存在する。

▼ガラパゴス化が「自然の摂理」だった日本のアパレル業界

このように、**日本全体が停滞していたのだから、もともと遅れているといわれるアパレ**

ル業界がガラパゴス化したのは、自然の摂理なのかもしれない。

一方で、ガラパゴス化したといっても一定の大きさのある国内市場のもと、多くの従来型企業がいまだに残存できているのもアパレル業界の特徴である。なぜかといえば、アパレルビジネスは基本的にローカルビジネスだからだ。

第3章でも触れたように、衣料品の世界シェアは、首位のZARAを擁するインディテックスでも約2％しかない。これは消費財の中でも極めて低い数値である。

つまり、**市場が細分化しているがゆえに、外からの圧力も弱く、ガラパゴス化して生き長らえることができたのが日本のアパレル業界**なのだ。

▼20年後に訪れるのは「二分化された世界」なのか

しかしながら、今後はそうはいかない。

本書で説明してきたように、国内市場の本格的な縮小がはじまることに加え、デジタル化とグローバル化が進む中で、アパレル業界でもグローバルSPAによるシェア拡大のような構造変化が進むからだ。

とくに、今後デジタル化がさらに進み、ボーダレスな世の中になっていくと、アパレルの特徴であるローカル性は徐々に薄まっていく。

大規模なデジタル投資が可能な勝ち組のグローバルプレーヤーやラグジュアリーのコングロマリットがどんどんシェアを拡大するという構造になるだろう。

極論をいえば、**20年後の未来では、ラグジュアリーおよびデザイナーズブランドと、マス・カスタマイゼーションを低価格で提供できるグローバルSPAや「デジタル・ファストファッション」に市場が二分化される**という世界が来るかもしれない。

すなわち、トレンド市場で飯を食ってきた百貨店アパレルやセレクトショップの多くが消えていく可能性もある。いま足元で起こっている市場の構造変化は、それくらい大きいものだと認識すべきだ。

そう考えると、**多くの国内アパレルや小売業の変革のスピードは正直、遅すぎる。**

日本経済が平成の30年間で学んだ教訓を忘れてはならない。

従来のように**ボトムアップ型のコンセンサス経営や官主導の改革では追いつけない世の中をわれわれは生きている。**自らをディスラプト（創造的破壊）する覚悟で、変革に臨む必要があるだろう。

デジタル化やグローバル化はもちろんのこと、同時に**経営陣の世代交代や組織構造の再構築**も必要になる。企業への期待が企業価値となる時代においては、求められるマネジメントや経営手法も大きく変わるのだ。

幸い変化のスピードがすさまじく、すでに勝負が決まりつつある液晶や半導体とは違い、アパレル産業は文化産業である。

そして日本は世界でも類を見ないほど、多様で奥深い文化的背景をもっている。その潜在能力ははかりしれない。いまこそ能力を紡ぎ、グローバルで受け入れられる日本のアパレルビジネスを模索すべきだ。

そのためには**「模倣」をやめ、徹底的な「独自性」の追求と「価値」の磨き込みを行うこと**。多少の痛みをともなっても、自己変革を遂行し、ピンチをチャンスへと変えていくことが必要なのだ。


次の10年間こそ、ラストチャンスだ。

いまこそ創造的破壊に取り組まなければならない。


最後に本書を執筆するにあたって、有益なアドバイスをくださったローランド・ベルガー日本法人会長の遠藤功氏、社長の長島聡氏、第4章を執筆するにあたりリサーチを手伝ってくださったコンサルタントおよびインフォセンターの皆様、いつも支えてくださったメンターの中野大亮氏、マーケティング・マネージャーの西野聡子氏、秘書の西谷美香氏、そして消費財・小売チームをはじめとする同僚の方々に感謝申し上げます。

また、**お名前は出せませんが、私にアパレル業界や小売業界にたずさわる機会をくださっているクライアント、メディア、関係者の皆様に心よりお礼申し上げます。**

そして、本書を担当してくださった東洋経済新報社の中里有吾氏と若林千秋氏には大変お世話になりました。御二方の親身なサポートなくしては、刊行までたどり着けなかったと思います。この場を借りて心より感謝申し上げます。

福田　稔

2019年5月

［参考文献］

長島聡『ＡＩ現場力――「和ノベーション」で圧倒的に強くなる』日本経済新聞出版社、２０１７年
岡田陽介『ＡＩをビジネスに実装する方法――「ディープラーニング」が利益を創出する』日本実業出版社、２０１８年
尾原蓉子『Fashion Business 創造する未来――グローバリゼーションとデジタル革命から読み解く』繊研新聞社、２０１６年
宮浦晋哉＋糸編『FASHION∞TEXTILE――繊維産地への旅』ユウブックス、２０１７年
スコット・ギャロウェイ『the four GAFA――四騎士が創り変えた世界』東洋経済新報社、２０１８年
齊藤孝浩『アパレル・サバイバル』日本経済新聞出版社、２０１９年
田中道昭『アマゾンが描く２０２２年の世界――すべての業界を震撼させる「ベゾスの大戦略」』ＰＨＰ研究所、２０１７年
古明地正俊・長谷佳明『図解 人工知能大全』ＳＢクリエイティブ、２０１８年
杉原淳一・染原睦美『誰がアパレルを殺すのか』日経ＢＰ社、２０１７年
遠藤功『プレミアム戦略』東洋経済新報社、２００７年
河合雅司『未来の年表――人口減少日本でこれから起きること』講談社、２０１７年
ジャン＝ノエル・カプフェレ／ヴァンサン・バスティアン他『ラグジュアリー戦略――真のラグジュアリーブランドをいかに構築しマネジメントするか』東洋経済新報社、２０１１年

■

ほかに、『繊研新聞』『日本経済新聞』『日経ＭＪ』『ＷＷＤジャパン』『週刊東洋経済』『週刊ダイヤモンド』『日経ビジネス』『フォーブス』『NewsPicks』などの新聞・雑誌を参考にした。主要記事は以下のとおり。

『週刊東洋経済』（2018年12月22日号）
『週刊東洋経済』（2019年2月23日号）
『週刊ダイヤモンド』（2018年8月25日号）
『日経ビジネス』（2018年9月3日号）

【著者紹介】

福田　稔（ふくだ　みのる）

ローランド・ベルガー パートナー。

慶應義塾大学商学部卒業、欧州IESEビジネススクール経営学修士（MBA）、米国ノースウェスタン大学ケロッグビジネススクールMBA exchange program修了。

株式会社電通国際情報サービスにてシステムデザインやソフトウェア企画に従事した後、2007年ローランド・ベルガーに参画。

消費財、小売、ファッション、化粧品、インターネットサービスなどのライフスタイル領域を中心に、成長戦略、デジタル戦略、グローバル戦略、ビジョン策定など様々なコンサルティングを手掛ける。ローランド・ベルガー東京オフィスの消費財・流通プラクティスのリーダー。

経済産業省「服づくり4.0」をプロデュースし、2017 57th ACC TOKYO CREATIVITY AWARDS「クリエイティブイノベーション部門」ACCゴールド受賞。同省主催の「若手デザイナー支援コンソーシアム」にも参画するなど、政策面からのアパレル業界に対する支援も実施。

また、プライベートエクイティファンドの支援を通じた消費財・小売企業に対する投資・再生支援実績は業界トップクラス。

シタテル株式会社の社外取締役や株式会社IMCFの戦略アドバイザーを務めるなど、業界の革新を促すスタートアップ企業に対する支援も行っている。

2030年アパレルの未来
日本企業が半分になる日

2019年7月4日発行

著　者——福田　稔
発行者——駒橋憲一
発行所——東洋経済新報社
〒103-8345　東京都中央区日本橋本石町 1-2-1
電話＝東洋経済コールセンター　03(5605)7021
https://toyokeizai.net/

装　丁…………秦　浩司［ハタグラム］
ＤＴＰ…………アイランドコレクション
校　正…………加藤義廣
印　刷…………ベクトル印刷
製　本…………ナショナル製本
編集担当………若林千秋／中里有吾

ISBN 978-4-492-76248-6